SELF - ANALYSIS

Karen Horney

自我分析

[美]卡伦·霍尼　著

何巧丽　译

上海译文出版社

引　言

起初，精神分析是作为严格医学意义上的一种治疗方法而发展起来的。弗洛伊德发现，某些肢体受限的失调症并无清晰可辨的肌体上的合理病因，例如癔症性抽搐、恐怖、抑郁、药物成瘾、功能性消化不良等，但是揭露这些失调症背后的无意识影响因素却可以使其获得治愈。随着时间的推移，这类失调最终被概括为神经症。

时光荏苒，在过去的30年间，精神医学者认识到，罹患神经症的人不仅备受看得见的症状的折磨，同时在处理日常生活的方方面面都存在明显的困难。他们还认识到，事实上很多人都有人格疾患，只是他们没有表现出任何明确的症状，这些症状之前被视为神经症所特有。越来越清晰的是，神经症患者可以有也可以没有症状，但一定有人格上的困难。因此，结论必然是，这些不太明确的困难构成了神经症的本质核心。

在精神分析科学的发展过程中，认识到这一事实是极具建设性的，不仅增强了精神分析的有效性，同时也扩展了精神分析的范围。明显的人格疾患——比如强迫性犹豫不决、反复选择错的朋友和爱人、明显的工作能力抑制——既是显而易见的临床症状，同时也成为分析的目标。然而我们的兴趣焦点并不在于人格及其最好可能的发展；我们的终极目的是理解并最终消除这种明显的失调，人格分析只是达到这一目的的一种方法。如果这样的工作使一个人一生的发展道路变得更好，那这几乎算得上是分析过程的意外收获。

精神分析一直是，也还会继续是特定神经症的治疗方法。但是它能够对一般的人格发展有所助益，这一事实已使得精神分析有了自身的价值。越来越多的人寻求分析，并不是因为他们受到抑郁、恐怖或者相当严重的失调症的折磨，而是因为他们觉得自己没办法应付生活，或者感到自身有一些因素阻碍了他们，或者给他们的人际关系造成了损害。

就像所有的新愿景刚刚开启时都会发生的一样，精神分析的这一新方向一开始被高估了。经常有人宣称，现在仍然在普遍传播的一点是：精神分析是人格进一步发展的唯一渠道。不用说，事实并不是这样。生活本身就是我们人格发展最有效的帮助者。生活强加于我们的苦难——被迫离家去国、身体的病痛、寂寞孤独的时刻——以及生活赠予我们的礼物——美好的友谊（甚至仅仅是与一个真正好的有价值的人之间的接触）、团队工作中大家齐心协力——所有这些因素都能帮助我们发挥最大的潜能。可惜的是，这样的帮助有一些缺点：那些有帮助的因素并不总是出现在我们需要的时候；苦难可能不只是对我们活力和勇气的挑战，还很可能会超出我们现有的能力，从而压垮我们。最后，我们可能过于深陷心灵的磨难，而无法利用生活提供给我们的帮助。因为精神分析没有上述缺点——尽管它有其他的缺点——所以它可以作为一种特定的方法，代替生活来造福于一个人的发展。

　　身处于当代文明中的我们，生活的状况如此错综复杂且困难重重，任何此类帮助都变得更加必要。而专业的分析性帮助，就算现在已经能够提供给更多的人，也几乎不可能给予每一个需要它帮助的人。正因如此，自我分析的问题才具备其重要性。一直以来，"认识你自己"都被认为既有价值又有可行性，而精神分析的发现可能会极大地帮助一个人进行这方面的努力。另外，正是精神分析揭示出了更多这项工作所涉及的内在困难，人们之前对此知之甚少，因此任何时候在讨论精神分析式自我审视的可能性时，都既要有信心，同时也要保持谦虚。

这本书的目的就是严肃认真地提出自我分析的问题,并考虑所有可能涉及的困难。关于自我分析的程序,我本也打算提供一些基本思路,但是因为在这个领域还没有多少真实体验可供参考,所以我的目的主要还是提出问题,激发人们去努力寻找一种建设性的自我审视,而不是提供任何明确的答案。

首先,对于每个人自己而言,尝试建设性的自我分析或许是很重要的。这样的努力给了一个人自我实现的机会,我的意思不只是让一个人过去被抑制而无法使用的特殊天赋得到发展;还指的是,甚至更重要的是,他作为一个坚强而完整的人的潜能得到发展,不再受制于给他造成严重伤害的强迫性力量。这也是一个宽泛的议题。我们今天为之奋斗的民主理想的主要部分就是这一信念:个人——尽可能多的每个人——的所有潜能都能够得到发展。帮助一个人去做精神分析,并不能解决整个世界的诸多问题,但是至少可以澄清某些摩擦及误解、仇恨、恐惧、伤害、脆弱;那些世界性的问题对此而言,既是其原因也是其结果。

我在以前的著作中提出了关于神经症的一个理论框架,本书也对此做了详细阐述。我本想避免在这本书中呈现这些新的观点和假设,但如果是对自我审视有帮助的内容,留而不发似乎是不明智的。我会尽可能简单地呈现，不偏离本书的主题。心理问题的性质错综复杂，这是个事实，没办法也没有必要去掩饰。不过，对此我已全然知晓，尽量不用笨拙的术语去增加其复杂性。

借此机会，我想表达对伊丽莎白·托德女士的感谢，她聪明且理解力强，帮助我整理了各种资料。我也要感谢我的秘书玛丽·莱维夫人，感谢她不知疲倦地工作。我还想表达对我的病人们的感激，他们允许我在本书中分享他们在自我分析中的经验。

目录

第一章　自我分析的可行性和可取性

　　每一个分析师都知道，病人越"合作"，分析的过程就会越快、越有效。说到"合作"，我脑海里想到的不是病人出于礼貌或者体贴而接受分析师给出的任何建议；也不全指病人在意识中情愿提供关于自己的信息——大多数出于自愿来接受分析的病人迟早都会认识到并且同意：尽最大可能真诚地表达他们自己。我更多地是指这样一种自我表达：它很少听命于病人有意识的命令，就像作曲家很少能够有意识地命令自己用音乐表达感受一样。如果在内心有一些因素阻碍了他去表达，那么作曲家必将无法创作，他将徒劳而无所出。同样地，一位病人，不管他有着多么良好的合作愿望，一旦遭遇"阻抗"，也将徒劳而无所出。因此，他能够自由表达自己的时候越多，他就越能处理自己的问题，病人和分析师之间共同的工作也越有意义。

　　我经常告诉我的病人们，理想的情况是，分析师只扮演向导的角色，在攀登一座难以征服的山峰的旅途中，告诉病人走哪条路会有收获而哪条路最好不要走。更准确一点，还应该再补充道：分析师这个向导自己对走哪条路也不是非常确定，因为尽管他有爬山的经验，但是他还从没有爬过特定的这座山。这种情况会使得病人的心理活动和产出能力更加令人满意。几乎可以毫不夸大地说，除了分析师的能力之外，病人的创造性活动决定了分析的长度和结果。

　　常常是在病人的状况仍然不佳，而分析过程却因这样或那样的原因被打断或者终止的情况下，分析性治疗中病人心理活动的重要性才被揭示出来。病人和分析师都对取得的进展不满意，时间流逝，并没有更进一步的分析；但是之后某一时刻，他们可能发现自己收获了意外的惊喜：病人获得了重大且持久的改善。如果仔细审视后没有发现他的生活环境有什么变化可以解释这一改善，那么就有理由相信这是迟来的分析效果。当然，这种滞后效应不容易解释，可能与各种各样的因素有关。可能之前的分析工作让病人有能力准确地观察自我，因而比之前更加确信自己身上存在着某种令他烦恼的倾向，或者他甚至能够发现自己内里存在的影响因素。或许也可能是，之前他把分析师的任何建议都看作是外来侵入物，而现在当这些洞察作为他自己的发现再次出现时，他能够更轻易地抓住。又或许，如果他的问题就出在他有一个固执的需要，要去超越别人、打败别人，他可能没办法把分析工作成功的满足感给予分析师，那么只有当分析师淡出视野之外，他才能够好转。最后，还必须注意的是，延迟反应也发生在许多其他情形下：有时只有在过上一段时间之后，我们才能领会一个笑话或者一次交流中说过的话的真正含义。

这些解释虽然不尽相同，但它们都指向同一个方向：都提示有某些心理活动发生在病人身上，但是病人自己并不知晓，或者至少没有在意识层面下定决心努力探索过。这种心理活动，甚至是有意义导向的活动，的确发生了，我们也的确没有意识到。我们知道这一点，是因为我们会做一些有意义的梦，以及我们有这样的经历：晚上被某件工作绊住了脚，早上一觉醒来却找到了解决办法。不仅有著名的数学难题在一夜睡醒后答案浮现；还有些决策也是如此：晚上被困住了，"睡"过去了就清楚了。有时候你心中的憎恨可能白天一点都没有被觉察到，但在睡梦中却非常强烈地突破限制进入我们的意识，以至于我们会在清晨5点钟突然醒来，清楚地感受到被激怒的感觉以及相应的情绪反应。

事实上，每一位分析师都仰赖于这些潜在的心理活动来工作。这种仰赖隐含于这样的信条中：如果移除了"阻抗"，分析的进程就会令人满意。我想强调的是，这里还存在积极的方面：病人向往自由的动机越强、障碍越少，就会展现出越多富有成效的活动。但是不管是强调消极的方面（阻抗）还是强调积极的方面（动机），底层的原理是一样的：移除障碍或者激发足够的动机，病人的心理能量就会开始工作，他就会为临床提供材料，这些材料最终通向一些更深层次的领悟。

本书中提出的问题是，一个人是否可以向前再多走一步。既然分析师仰赖病人无意识的心理活动，那么如果病人有能力独自向着解决问题的方向探索，这种能力可否用一种更精细复杂的方式来使用？病人能否根据他自己的判断力和理解力来检查其自我观察结果或者自由联想？一般而言，在病人和分析师之间存在一个分工：病人让自己的想法、情感和冲动浮现出来，而分析师用他的判断力和理解力去发现病人的用意所在。他追问病人陈述内容的正确性，他把看似不相关的材料放在一起，他就可能的意义提出建议。我说"一般而言"，是因为分析师也使用他的直觉，且病人也会将某些事情联系在一起。但是大致上，存在这样的一个分工，且这样的分工对分析过程确实有益。它让病人能够放松，仅仅表达或者记录浮现的东西。

但是两次分析之间的一天或者数天怎么办呢？如果因为各种原因，分析被打断了，出现了更长时间的停顿，该怎么办呢？为什么期待某个问题会在不经意间自己清晰起来？就没有可能鼓励病人不仅仅去详细准确地观察自己，还能运用自己的推理能力得到一些领悟吗？就算这是一项艰难的工作，充满了危险和限制——这点我们后面还会再讨论——这些困难也不应阻止我们提出这样的问题：一个人有没有可能自己去分析自己？

在更广阔的参照框架下来看，这是一个历史悠久、值得尊敬的问题：一个人能否认识自己？令人鼓舞的是，人们一直认为这项工作尽管困难，却是可行的。然而，这种鼓舞不能带领我们走得更远，因为古人如何看待这项工作与我们如何看待之间存在着明显的距离。我们知道，由于弗洛伊德的基本发现，这项工作比起古人能够想象的要复杂困难得多——的确，它是如此之难，以至于仅仅是严肃地提起这个问题都像是去未知的地方探险。

当今时代，我们可以找到很多书，这些书的目的都是来帮助人们更好地与自己及他人相处。其中有一些，像戴尔·卡耐基的《人性的弱点》，几乎没有——即使有也是很少——谈及自我认识，而是为人们怎样解决个人或者社会问题提供了多多少少还不错的经验性建议。但有一些，像大卫·西伯里的《找回你自己》，其目的绝对在于自我分析。如果说我觉得关于这个主题有必要另写一本书，那就是因为我认为，即使最好的作者，就像西伯里，也没有把弗洛伊德开创的精神分析加以充分利用，因此也未能提供足够的指导①。此外，从诸如"轻松进行自我分析"这样的标题就可以清楚地看出来，他们没有认识到其中所涉及的繁难复杂之处。此类书中展现的这种倾向，也暗含在精神病学对人格的某些研究中。

所有这些尝试都暗示，认识自己是一件简单轻松的事情。这是一种错觉，一种一厢情愿的想法，是对自我认识绝对有害的错觉。走上那条所谓简单之路的人，要么会收获虚伪的装模作样，相信他们知道了关于自己的一切；要么在被第一个严重障碍阻挡后灰心丧气，倾向于认为这是很糟糕的工作，而放弃追寻真相。如果一个人认识到自我分析是一个费力的、缓慢的过程，必定时常经历痛苦和挫折，需要用尽一切可用的建设性力量，他就会知道成果从来都来之不易。

有经验的分析师绝不会轻信这种乐观主义，因为他太熟悉

---

① 哈罗德·拉斯韦尔在其《民意中的民主》一书第四章"了解你自己"中指出了自由
  联想对自我认识的价值所在。但是因为这本书主要是在讲另一个主题，所以他并没
  有讨论与自我分析这个问题相关的具体内容。

那些艰苦且有时令人绝望的斗争了：病人在还没有能力直截了当地面对问题时，都可能会挑起这样的斗争。有的分析师可能更倾向于另一个极端：全盘否定自我分析的可能性。他们之所以如此偏颇，一方面是出于自身的经验，另一方面也有理论依据。例如，他们会提出这样的论据：病人只有在与分析师的关系中再次体验到他婴儿般的愿望、恐惧和依附，才能从他的问题中解放出来；留给病人自己去分析，最好的结果也就是获得无效的、"仅仅是知识上的"见解。如果对这样的论据仔细审查——我不会在这里进行这种审查——最终归结起来就是一种怀疑：怀疑病人的动机是否足够强大，能让他自己克服散落在自我认识道路上的障碍。

我有充分的理由来强调这一点，病人想要达成某种目标的动机，在任何一种分析中都是很重要的因素。可以很稳妥地说，如果病人不想去那么远的地方，那么分析师是没有办法带他去的。当然在分析中，病人有分析师的帮助，他的鼓励、引导可以利用，关于这一点的价值我们会在另一章中讨论。如果病人只能依靠自己的资源，那么动机的问题就变得很关键——的确，非常关键，连自我分析的可行性都取决于它的强度。

当然，弗洛伊德认识到，神经症问题引起的显而易见的深刻痛苦会提供这样的动机。但是显然，弗洛伊德感到困惑不解

的是：如果深刻的痛苦从未出现或者经过治疗消失了，那么自
我分析的动机从哪里来。他认为病人对分析师的"爱"可能提
供额外的动机，只要这种"爱"不是以具体的性满足为目的，
而是满足于得到并利用咨询师的帮助。这听起来蛮有道理。但
是，我们一定不要忘记，每一位神经症患者的爱的能力已被大
大损害，在这一点上表现出来的，多半是病人对被人喜爱和赞
美的过度需求。的确有这样一些病人——我猜弗洛伊德也一定
思考过他们——他们竭尽全力来取悦分析师，包括愿意多少带
点不加鉴别的态度接纳所有的解释，也包括努力表现出改善。
然而，这样的努力不是由对分析师的"爱"引发的，而是一种
病人减轻自己潜藏的对别人恐惧的方法；从更广泛的意义上来
说，是他应对生活的方法，因为如果要让他按照更加自力更生
的方式去加入分析中，他会感到无助。因此，这种想把事情做
好的动机完全取决于他和分析师的关系。一旦病人感到被拒绝
或者被批评——这种类型的病人很容易会有类似感受——他会
看不见自己的利益所在，精神分析的工作就变成了病人怨恨和
报复的战役。这几乎比这种自我分析动机的不可靠来得更严
重：分析师必须阻止。那种做什么事仅仅是因为别人期望他做
而不顾自己愿望的倾向，是病人问题的一个重大根源，必须要
被分析，而不是被利用。因此，弗洛伊德认识到的唯一有效的

动机，就只剩下病人想要去除明显痛苦的愿望；并且这种动机，正像弗洛伊德所正确断言的，不会太持久，因为随着症状的减轻，它必定会按照适当的比例减少。

就算消除症状是分析的唯一目标，这个动机仍然可能是足够的。但这是唯一的目标吗？弗洛伊德从来没有明确表达过他关于这些目标的观点。空谈病人应该变得能够去工作和娱乐，而病人却没有这两种能力的保障，这是没有意义的。能够完成日常规定工作，还是能够有创造力地工作？大体上能够享受性或者生活？没有回答为何而教育这个问题，而只是说分析应该完成再教育，同样也是含混不清。可能弗洛伊德并没有过多地思考这个问题，因为从他最早期直到最晚期的著作来看，他的主要兴趣在于消除神经症症状。他所关心的人格改变，仅限于这种改变足够保证永久性地治愈症状。

因此本质上，弗洛伊德定义分析目标采用的是一种消极被动的方式：获得"解放"。然而其他作者，也包括我自己，愿意从积极的方面构想精神分析的目标：让一个人从内心的束缚中解脱，可以自由地发展出他最好的潜能。这听起来似乎仅仅只是侧重点的不同而已，但即使只是这点不同，也足以完全改变动机这个问题。

只有当病人有了动机，且该动机足够强大，驱使他愿意去认真考虑如何发展他所拥有的所有能力，去认识自己被赋予的潜能，着手解决自己的问题，即使偶尔会经历折磨也毫不畏惧，那么从积极方面去设定目标才有现实的意义；如果有一个动机正在慢慢生长，就用最简单可行的方法培养它。

当这个问题说得如此明白之后，就会清楚地发现，这里面涉及的不只是侧重点不同的问题，因为弗洛伊德断然否定了这种自我发展愿望的存在。他甚至会嘲笑，就好像假定存在这样的愿望是一种空洞的理想主义。他指出，渴望自我发展源自一个人的"自恋"愿望，也就是说，这代表了自我膨胀和想超越他人的倾向。弗洛伊德很少只是出于理论上的考虑而作出假设。基本上，他几乎总能敏锐地观察到某些东西。对于上述情况，观察结果就是，自我膨胀的倾向有时是自我发展愿望有力的推动元素。弗洛伊德拒绝承认的，只是"自恋"元素作为驱动因素这样一个事实而已。如果自我膨胀的需要被分析、被抛弃，而发展的愿望仍然保留，那么是的，它就会比之前更清晰、更有力地浮现。"自恋"元素激发愿望生长的同时，也阻碍愿望的实现。借用一个病人的话就是："'自恋'冲动指向发展出假自我的方向。"培养假自我总是以牺牲真自我为代价，后者会受到鄙视，充其量就像一个"穷亲戚"。我的经验是，假自我衰退得越多，就会越有兴趣投注于真自我；由于摆脱了内心的束缚，动机也会展现得越自由，越想去过一种既定条件下最饱满的生活。在我看来，似乎一个人开发其能量的愿望属于不可进一步分析的努力中的一种。

理论上，弗洛伊德对自我发展愿望的不信任和他的基本假设有关：他假设"自我"是一个软弱的代表，在本能驱力、外部世界和严峻的道德约束之间辗转腾挪。但是，我基本上认为，这两种关于分析目标的构想，表达了对于人性本质的不同哲学信念。麦克斯·奥托在他的著作中说道："人生观最深的源泉，塑造并滋养人生观的，是对人性的信任或者不信任。如果他对人性有信心，相信凭借人性能够收获美好，他就会获得一些关于生命及世界的理念，这些理念和他的信任感是和谐一致的。缺乏信任的人也会产生与不信任感相一致的理念。"还应提及的一点是，弗洛伊德在他《梦的解析》一书中至少含蓄地承认某种程度的自我分析是可能的，因为书中他的确在分析自己的梦。考虑到他的整个理念都是在反对自我分析的可能性，这一点显得特别有意思。

但是，就算我们同意一个人会有充足的动机进行自我分析，仍然还有一个问题：一个"门外汉"，没有必要的知识，未接受必要的训练，也无经验，他能否进行自我分析？很可能有人会问，还会带着一丝严厉，我是否在暗示本书大概会有 3 到

4个章节提供足够的替代方法来替代专家特有的技术。自然，我没有任何可能的替代方法，哪怕是类替代品，我也的确不愿意提供。那么，现在似乎陷入了僵局。但真是这样吗？通常，"要么全有、要么全无"这一原则的应用，都暗含着谬误，不管表面上多么有道理。对于这个问题，最好要记住，对专业性在文化发展中的角色要给予应有的尊重，但太敬畏专业性会麻痹人的能动性。我们都太倾向于相信只有政治家才懂政治、机修工才能修好我们的卡车、训练有素的园丁才能修剪树木。当然，受过训的人会比没有受训的人完成得更快更有效，而且有很多的例子都表明，后者经常会全然失败。但是受训者和未受训者之间的鸿沟常常被夸大了。对专业性的信任很容易就变成盲目敬畏，而让人不敢尝试新的行动。

　　这样综合起来考虑，还是令人鼓舞的。但是，要恰当地评估自我分析在技术上的可能性，我们还必须从具体的细节处来看一看：一个专业分析师的技术装备是怎样的。首先，分析别人需要大量的心理学知识：无意识力量的本质是什么、它们的表现形式、它们为何如此有力、它们或造成什么样的影响、如何去发掘它们。其次，需要明确的技术，技术的获得只有通过训练和经验积累：分析师必须要知道怎样和病人打交道；必须要知道并且在某种合理程度上确信，在呈现出的材料迷宫中哪些因素需要处理，而哪些需要暂时放一放。他必须已经获得了高度发展的与病人"感同身受"的能力，对心理暗流要有几乎像是第六感的敏感。最后，分析别人还需要对自己有透彻的了解。和病人一起工作时，分析师不得不带着自己的独特性和规条投身到一个陌生的世界。他有极大的危险会曲解、误导，还可能造成主动伤害——不是因为心怀恶意，而是因为粗心、无知或者自负。因此，他不但要非常熟悉他的工具和技术、可以很好地使用它们，同等重要的是，他还要厘清他与自己及与他人的关系。所有3条要求都是必不可少的，因此，不能满足这3个条件的人就不要去承担分析别人的责任。

这些要求并不自动成为自我分析的属性，因为分析我们自己和分析别人在某些本质点上是有所不同的。最主要的不同是这样一个事实：我们每一个人对自己所描绘的世界都不陌生；实际上，这是我们唯一真正知晓的世界。的确，一个罹患神经症的人已经与这个世界的大部分内容隔离了，已经有了一种不去看那些隔离部分的强迫感。同样，总是存在这样的危险：他对自己很熟悉，因此对于某些显著的特征，他会太过倾向于认为那是理所当然。但是也有部分事实是：那是他的世界，关于这个世界的所有信息都以某种形式存在着，他只需要观察，运用自己观察的结果去获得它们。如果他有兴趣去认识造成他困境的源头，如果他能够克服认识过程中的阻抗，那么他就可以在某些方面比一个外人更好地观察自己。毕竟，是他和他自己日夜相伴。他进行自我观察的机会，可类比于善解人意的护士，可以时不时地去待在病人身边；而分析师，每天充其量也就和病人待一个小时。分析师有更好的观察方法、有更清晰的视角进行观察并形成推理，但是护士有机会进行更广泛的观察。

这一事实构成了自我分析最重要的优势，它甚至弱化了专业分析师要求的第一条，且排除了第二条：在自我分析中，不需要像分析别人那样知道那么多心理学知识，而且我们一点也不需要那些与人打交道必备的策略技巧。自我分析最关键的困难不在这些，而在于那些阻挡住我们的眼睛、让我们无法看清无意识力量的情感因素：主要的困难是情感上的而不是知识上的。下面的事实进一步肯定了这一点：当分析师分析他们自己的时候，他们并不像我们之前愿意相信的那样，会比门外汉有更多优势。

那么理论上，我没有看到有什么严格的理由说明自我分析不可行。就算有很多人都深陷于自己的问题而无法分析自己；就算自我分析在速度和准确性上永远都无法接近专业的分析性治疗；就算有一些阻抗只有在外力的帮助下才能克服——所有这些仍然都不能证明，这项工作在原理上无法进行。

然而，我不会鲁莽到只从理论角度提出自我分析这个问题。我之所以有勇气提出这个问题并严肃对待它，是因为有经验表明自我分析是可能的。这些经验包括我自己的、同事告诉我的以及我的病人们的——他们在我这里的分析工作被打断期间，我鼓励他们自己对自己进行分析。这些成功的尝试都不仅仅只涉及表面性问题。实际上，他们中有些人处理的问题，通常都被认为即便是在分析师的帮助下也很难触碰的。不过他们在做这项工作时都有一个有利条件：他们致力于自我分析之前都曾经被分析过，这意味着他们熟悉方法途径；而且他们从以往的经历中知道：在分析中缺少了对自己残忍无情的诚实的话，就没有什么有所帮助的结果。没有这样的先期经验，自我分析还是否能够进行、能进行到何种程度，这必须留作一个开放性问题。令人鼓舞的事实是，许多人在接受治疗之前都对自己的问题获得了准确的洞察。诚然，这些洞察还不够，但事实是，在没有先期分析经验的情况下，他们获得了洞察。

因此，倘若一个人真的有能力进行自我分析（关于这一点，还有一些内容会在后文讲到），那么自我分析的可能性简要来说就是：一个病人，当他在专业人员那里的分析出现长时间的停顿时——如因为假期、离开所在城市、工作或者自身的原因，以及各种各样的其他原因，这在分析中经常发生——那么他可以进行自我分析。称职的分析师通常集中在几个城市，这几个城市之外可能有人会尝试自己去做主要的分析工作，偶尔见见分析师，就像例行检查；还有一些人，他们和分析师住在同一城市，但是由于经济上的原因没有办法负担常规的治疗，因此也会这么做；也有人可能因为分析师提前结束了治疗而由自己继续进行下去。最后——当然这里要打上一个问号——在没有外部分析性帮助的情况下，自我分析或许是可行的。

但这里还有一个问题：如果说有诸多局限的自我分析是可行的，那么它是可取的吗？没有称职的人引导，分析难道不是一件太过危险的工具吗？弗洛伊德不是就曾经把分析比作手术吗？尽管一个不合适的分析并不会像一台做坏了的手术那样害死人。

彷徨于含混不清的担忧中绝对不是建设性的出路，那么还是让我们来仔细看一看自我分析可能会有什么危险。首先，很多人认为它可能会增加有害的内省。这样的反对意见以前也曾有过，现在仍经久不息，而且是针对所有分析的；但我认为应该重新讨论这一点，因为我确信，假若没有或者只有很少的指导，分析有可能会进行得更好。

担忧分析会导致一个人太过内省，这种反对意见似乎来自一种人生哲学——《波士顿故事》这本书很好地呈现了这种人生哲学——即个人或者个人的感受与挣扎丝毫不值得重视；重要的是要适应环境、服务于社区、履行职责；因此，一个人要控制自己所有的个人恐惧和愿望。自律是最高美德。在任何方面多想想自己，都被认为是自我放纵和"自私"。然而，最具代表性的精神分析看法却强调，不止要对别人负责任，同时也要对自己负责任。因此，他们很强调一个人不可剥夺的追求幸福的权利，其中包括他有权利重视自己内在的自由和自主的发展。

对于这两种哲学价值观，每个人都要作出自己的决定。如果他决定遵循前者，那么与他争辩要不要进行分析就没有多大意义，因为他必然觉得，任何人都不应该对自己和自己的问题想太多。那么可以让他稍稍消除疑虑的是，作为分析的结果，一个人通常会变得更少以自我为中心，并且在人际交往中更加可靠；最乐观来看，他可能会有所妥协，认为对于这样一个有价值的结果来说，内省也许是一个可商榷的方法。

内心信念与第二种哲学价值相吻合的人不会认为内省本身该受谴责。对他来说，认识自己和认识环境中的其他事物一样重要。追寻人生的真相和追寻生命中其他领域的真相一样有价值。他唯一担心的是，内省是建设性的还是徒劳无用的。我说它是建设性的，只要它是服务于一个人想要变得更好、更丰富、更坚强的这样一些愿望——只要它是负责任的努力，其终极目标是自我认识和改变。如果内省的目的在于内省本身，也就是说，如果追求内省仅仅是出于不加选择地感兴趣于自己与心理学之间有联系——为了艺术而艺术——那么就很容易退化成休斯顿·彼得森所说的"心理学狂热"。如果内省仅仅包含对于自我崇拜或者自我怜悯的沉溺、对自己束手无策的反思、空洞的自我谴责，那同样也是徒劳无益的。

那么，现在我们提出了下面这个相关问题：难道自我分析就不容易沦为那种无目标的迷思吗？从我和病人打交道的经验来看，我相信这种风险不普遍，没必要考虑。似乎可以安全地假设：只有一些人，那些在与分析师的工作中也常常走进这类死胡同的人，才会有这样的风险。没有人指导，这些人会迷失于徒劳无功的迷思。但即便如此，他们自我分析的尝试虽然注定要失败，也很少造成伤害，因为不是分析让他们陷入迷思的。他们思考自己为什么肚子痛，或者思考自己的形象、思考自己做过的坏事或者别人对自己做过的坏事，或者琢磨出精巧的、漫无目的的"心理学解释"，而从未碰触到分析。对他们来说，分析被用作——或者说被滥用作——他们继续重复旧循环的挡箭牌：幻想这种绕圈圈的活动就是坦诚的自我反省。因此，我们应该把这些归于自我分析的限制而不是风险。

考虑自我分析的风险，最根本的问题是，它是否会有给个人造成确切伤害的危险。独自一人去经历这场冒险，他会不会唤起内心深藏的力量而无力应对？如果他发现了一个关键的无意识冲突，却看不到任何出路，难道不会在他身上激起深深的焦虑和无助，以至于让他抑郁或者甚至自杀吗？

就这一点而言，我们必须区分暂时伤害和永久伤害。每一项分析工作都定然会出现暂时伤害，因为触碰到被压抑的内容一定会激起焦虑，只不过这些焦虑之前由于防御而有所减缓。同样，分析工作也一定会把生气和愤怒的情感推到最显著的位置，而这些情感在之前是无法被意识到的。这种冲击效应如此强烈，并不是因为分析让他认识到一些不可忍受的或者邪恶的内心倾向，而是因为分析动摇了某种平衡，这种平衡尽管本来也岌岌可危，但还能防止个体迷失在由各种相互背离的驱动力造成的混乱里。我们会在后面讨论这些暂时性失调的本质，在这里仅仅提一提他们会出现的事实就足够了。

在分析过程中，当病人遇到这样的紊乱状况，他可能仅仅感到极度的烦躁不安或者再次依赖于旧的症状。实际上在那个时候，他感到气馁。但这些挫折通常很快就能克服。一旦整合了新的洞察，这些挫折感就消失了，让位于更有说服力的感觉，觉得之前其实已经取得了进步。挫折感是一个人重新定位生活时必不可少的冲击和疼痛，它们包含在每一个建设性的过程当中。

正是在这些内部改变发生的时候，病人会特别想要得到分析师的帮助。但是我们其实想当然地认为，这一整体过程有了专业的帮助就会更容易些。我们担心一个人可能没有能力独自跨越这些挫折，因此会被永久性地伤害。或者，当感觉到基础被动摇了，他可能会做出一些绝望的事，比如危险驾驶、不计后果的赌博、破坏自己的工作，或者试图自杀。

在我观察过的自我分析个案中，这样不幸的结果还从未出现过。但是这些观察还太过有限，不足以形成任何有说服力的统计结论；例如，我不能说，这种不幸发生的概率是百分之一。但是有充分的理由相信，这种危险少之又少，可以忽略不计。对每一例分析的观察都显示出：病人很有能力保护自己不被尚无能力获得的洞察所伤害。如果给出的解释对他们来说太过威胁到自身安全，他们会有意识地拒绝接受；或者会忘记，或者不把解释和自己联系在一起，或者通过辩论而避开它，或者就简单地厌恶它，认为它是不公平的评判。

我们可以毫无问题地假设：这些自我保护的力量在自我分析中同样发挥作用。一个人在尝试自我分析时，可能就简单到不会去做那些会带来自己尚不能忍受之洞察的自我观察；或者他对观察结果的解释可能会错过本质要点；或者，他仅仅只把它看作自己的缺点，而想赶快从表面上端正态度，从而关闭了进一步调查研究的大门。因此在自我分析中，真实的危险要比专业分析中少，因为病人凭直觉就知道要避开什么；而一个专业的分析师，即使很敏感也可能犯错，给病人一个还不够成熟的解决方案。由于太过于想避开问题，这里的危险还是徒劳无功，而并非确定的伤害。

如果一个人真的修通了一些曾经深深困扰自己的问题，获得了洞察，我相信以下几点思考值得我们信赖。第一点是，发现真相不只是令人困扰，同时也能让人获得自由。一切真相所固有的这种解放性力量，会从一开始就紧随着令人困扰的影响而来。如果修通了，被解放的感觉立即就会产生。而且，即便令人困扰的影响仍占优势，发现自身的真相也仍然暗含着找到出路的曙光；即使还看不清楚这一点，也会凭直觉感到，因此会产生前行的力量。

第二点思考是，即使真相让人非常恐慌，这也是一种有益的恐慌。如果一个人认识到他一直隐秘地被自我破坏所驱使，他对这种驱动力量有了清晰的认识，这比起让它悄悄地发挥作用要少很多危险。认识到这种自我破坏驱动会让人惊恐，但必定会动员起相反的自我保护力量，如果他还有一点生的愿望的话。而且，如果没有足够的生的愿望，这个人无论如何都会崩溃掉，不管有没有分析。用更积极的方式来表达同样的思考就是：如果一个人有足够的勇气去发现关于自身那令人不愉快的真相，那么他就可以安全地信任自己有勇气变得更坚强，足以带领自己修通问题。他已经走了那么远，这一简单的事实会提示他，解决自己问题的意愿如此强大，足以防止自己崩溃。但是在自我分析中，从开始与问题搏斗到解决问题到最后的整合，可能要花更长的时间。

最后，我们不要忘记，实际上分析中令人担忧的困扰，很少只是因为做出的解释在当时没有被正确理解而产生。更常见的是，这些令人不安的进展状态的真正源头，藏身于这样的事实：解释或者分析情境整体激起了直接指向分析师的恨意。这样的恨意，如果被挡在意识之外而不能被表达，就会强化已存在的自我破坏倾向，那么让自己散成碎片就可能变成报复分析师的一条途径。

如果一个人完全独自面对某个令人苦恼的洞察，那么基本上除了独自战斗然后修通之外，别无他法。或者更谨慎地来说，通过责任外化于他人来回避洞察的诱惑就减少了。谨慎是必要的，因为如果把自己的不足责任外化给他人的倾向无论如何都很强烈的话，可能在自我分析中当他一旦发现自己的缺点，也会突然暴怒起来，倘若他还没有接受自己必须为自己负责这样的观点。

那么我想，自我分析是可行的，其造成确定伤害的风险是相当轻微的。当然，它有各种各样的缺点，从本质上讲或多或少还有些严重；简单来说，其严重程度包括从分析失败到拉长分析过程；自我分析可能要花长得多的时间去抓住一个问题并解决它。但是，相对于这些缺点，还有很多毋庸置疑的因素让自我分析值得期许。首先，有之前提到的明显的外部因素。自我分析对那些因为经济、时间或者居住地原因而不能进行常规治疗的人来说，是可取的。甚至对于那些正在接受治疗的人来说，如果在两次分析的间隙，以及在每次分析中鼓励他们有勇气积极而独立地对他们自己进行分析，也会大大缩短治疗进程。

但是，除了这些显而易见的原因，那些有能力进行自我分析的人也必然会有所收获。这些收获与精神更加契合，更无形但并不虚幻。这些收获可以总结为：增强了内在力量，因此也增强了自信。每一个成功的分析都会增加自信，但完全凭借自己的主动性，靠着自己的勇气和坚持不懈的毅力开疆拓土，定会有额外的收获。分析中的这种效果也适用于生活中的其他领域。自己发现一条登山的路，比起走别人的老路，会带给人更有力量的感觉——尽管面对的是同样的问题，结局也相同。这样的成就不只带给人无可非议的自豪感，同时也带给人基础坚实的自信感，相信自己有能力面对困境，即使在没有向导的情况下也不会迷茫。

第二章　神经症背后的驱动力

　　精神分析，正如我们之前讨论的，不只具有临床上的价值——作为神经症的一种治疗方法，还有人性方面的价值，它有可能会帮助一个人尽可能更好地发挥出自己的潜能。这两种目标也可以通过其他方法实现，但分析不同于其他方法的地方在于：试图通过人的理解力去达到目标——不只是通过共情、包容以及对相互关系直觉上的把握，这些都是人类任何一种理解力都不可或缺的品质；更根本地，还是通过努力来获得对整个人格的精准描画。实施这项工作要用专项技术来挖掘无意识因素，因为弗洛伊德已经清楚地表明，如果不能认识到无意识力量所扮演的角色，我们是不可能得到这样一幅图画的。通过弗洛伊德，我们知道这种力量推动我们去行动、去感受、去反应，而且可能会不按照我们意识中的意愿行事，甚至也可能对我们与外部世界令人满意的关系造成破坏。

当然,这些无意识的内在动力每个人身上都有,而且也绝不总是制造困扰;只是当困扰出现时,发现并识别出无意识因素非常重要。不管是什么样的无意识力量在驱使我们去写作、去画画,如果我们能够合理而充分地通过写作和画画来表达自己,我们就几乎不会费心去想这些无意识的力量。不管是什么样的无意识力量激励我们去爱、去奉献,只要那爱和奉献给我们生活增添建设性的内容,我们就不会在意那力量。但是有时候我们的确要去思考这些无意识因素,有时候我们表面上成功地完成了卓有成效的工作或者建立了良好的人际关系,而这种曾经极度渴望的成功,只带给我们空虚和不满;或者我们在一次又一次的失败后,就极端唾弃之前所有的努力,那么这个时候,我们隐约觉得不能把所有的失败都归因于外部环境。简言之,当看起来似乎内部有什么东西阻碍了我们继续前进的脚步时,我们就需要检查我们的无意识动机。

自弗洛伊德起,无意识动机就已经作为人类心理的基本事实得到接受,在这里也无须赘述,尤其是每个人都可以通过很多途径来扩充自己关于无意识动机的知识。首先,有弗洛伊德的著作,比如《精神分析引论》《日常生活的心理分析》和《梦的解析》;还有一些著作总结了他的理论,比如埃尔维斯·亨德里克的《精神分析的理论和实践》；还有一些著作也可供参阅，其作者试图拓展弗洛伊德的基本发现，比如，H. S.沙利文的《现代精神病学概论》、爱德华·A.斯特雷克的《超越临床前沿》，埃里希·弗洛姆的《对自由的恐惧》，或者我的《我们时代的神经症人格》和《精神分析的新方向》。A. H.马斯洛和贝拉·米特曼的《变态心理学原理》，还有弗里茨·孔克尔的书，如《性格成长与教育》，都提供了很有价值的指导。一些哲学书籍，特别是艾默生、尼采和叔本华的著作，帮助那些心态开放的读者揭示了精神上的宝藏；还有一些关于生活艺术的书也一样，比如查尔斯·艾伦·斯玛特的《大雁及如何追踪大雁》。莎士比亚、巴尔扎克、多斯托维斯克、易卜生以及其他作者的书，都有取之不尽的心理学知识。而且，观察我们周围的世界，学到的心理学知识也只多不少。

这些无意识动机的存在及其效力的知识，任何时候都可以卓有成效地指导分析过程，尤其是如果你愿意认真对待而不只是嘴上说说。甚至，如果只是零星的探索这样或那样的偶然联系，那么这些知识作为工具就足够了。然而，要进行更系统的分析，就有必要稍微具体地了解那些阻碍发展的无意识因素。

要了解人格，关键就是要了解人格背后的无意识驱动力。要了解失调人格，关键就是要发现导致失调的驱动力。

在这一点上，争议颇多。弗洛伊德认为，失调产生于环境因素与被压抑的本能冲动之间的冲突。阿德勒比弗洛伊德更理性、更表层，认为是人们为了维持自己的优越感而使用的方法和手段导致了失调的产生。荣格比弗洛伊德更倾向于神秘主义，认为集体无意识幻想是始作俑者。集体无意识幻想尽管也充满了创造潜力，但也会带来巨大的破坏，因为被集体无意识幻想驱动的无意识努力恰好与意识中的内容相反。我自己的结论是，处于心理失调核心的是一个人为了应对生活而发展出来的无意识努力，纵然努力的同时也伴随着恐惧、无助和孤独。我把它们命名为"神经症倾向"。我的结论与弗洛伊德和荣格的一样，离最终的真相还很远；但是每一位走向未知的探索者，都有他自己期待发现的愿景，且并不担保他的愿景是正确无误的。即使是愿景不正确，各人也都有各自的发现。这一事实足可慰藉我们对现有心理学知识的不确定感。

那么什么是神经症倾向？它具有什么样的特征，什么样的功能？它是怎么产生的？它对一个人的生活有什么影响？需要再次强调的是，神经症倾向的基本要素是无意识的。一个人有可能意识到神经症倾向的影响，尽管情况可能是他仅仅认为那是他值得称赞的人格特质：例如，如果他对情感有神经症需求，他可能会认为是他的性情和善有爱；或者，如果他受制于神经症完美主义，他可能会认为自己天生比别人更遵守秩序和更追求准确。甚至在某种程度上，他都瞥见了那些制造这些影响的驱动力；或者当他们被带入意识中时，他认出来了：例如他意识到，他对情感有需求，或者对完美有需求。但他从未意识到自己在多大程度上受控于这些努力，它们在多大程度上决定着他的生活。同样，对它们为什么能如此掌控自己也知之甚少。

神经症倾向突出特征是其强迫性本质，主要通过两种方式表现出这种特性。首先，它们不加选择地力求达到目标。如果这种神经症倾向是一个人必须要有的一种情感，那这个人就一定要从朋友、敌人、雇主和擦鞋人那里都能感受到。一个无法摆脱完美需求的人，很大程度上丧失了辨别轻重缓急的能力。对他来说，让办公桌保持整洁有序变得与完美地准备一篇重要报告一样都必须完成。另外，追逐目标最重要，无论现实条件如何，也不管他自己是否感兴趣。一个女人紧紧抓住一个男人，把她的人生全权交由男人负责，可能完全不顾及这些问题：这个男人是否那个非常合适、能够相伴一生的人，她和他在一起是否真的快乐，她是否喜欢并尊重他。如果一个人必须要独立和自给自足，他就会拒绝依靠任何人、任何东西，不管这会让他的生活受到多大的损害。他绝不寻求或者接受帮助，不管他自己有多需要。这种不加选择，常常在别人看来非常明显，而他自己可能还毫无觉察。然而一般来说，只有当这些特殊的倾向给他带来不便，或者与公认的模式不相一致时，才会让别人感到震惊。例如，他会注意到一种强迫性的消极习性，但是可能觉察不到强迫性的顺从。

神经症倾向的强迫本质的第二个迹象，是受挫之后对焦虑的反应。这一特征的意义非常重大，因为它说明了神经症倾向对一个人而言具有的安全价值。如果他因为任何原因，内部的、外部的，都感到致命的威胁，那么强迫性追求就是无效的。一个完美主义者，如果稍有差池，就会感到惊慌失措。一个人对终极自由有强迫性的需求，会对可能出现的所有羁绊感到恐慌，不管是订婚还是签一个租赁合同。这种恐惧反应的一个非常好的例子在巴尔扎克的小说《驴皮记》中。小说的主人公确信，一旦他表达了一个愿望，他的寿命就会缩短，因此他忧心忡忡，不能做任何事情。有一次，他突破戒备，真的表达了一个愿望，虽然这个愿望微不足道，他还是变得极其恐慌。这个例子说明了在安全感受到威胁时，神经症患者会被恐慌牢牢掌控：他觉得如果他不再完美、不再完全独立或偏离标准，不管什么标准只要代表了他强迫性的需要，一切就全完了。正是这种追求安全感的价值观，是神经症倾向具有强迫性特征的主要原因。

　　如果我们去看一看这种倾向的起源，就比较好理解它的功能。这种倾向起自童年早期，源于脾气秉性和环境因素的联合影响。一个孩子在双亲的强迫制约下，是变得顺从还是反叛，不仅取决于强迫制约的本质，还取决于天生的气质，如生命活力的强度以及他天性柔顺还是强硬。因为相比于环境因素，我们对体质上的因素知道得较少，也因为环境因素是唯一能改变的，所以我将只讨论环境因素。

　　无论什么情况下，孩子都一定会受环境影响。重要的是这种影响是阻碍还是促进孩子的成长。孩子会发展成什么样子，有赖于在孩子与双亲或者周围其他人——包括与家庭中的其他孩子之间——建立起来的关系。如果家庭的氛围是温暖的、相互尊重、相互体贴的，孩子的成长就不会受到阻碍。

　　不幸的是，在我们的文化中，有很多环境性因素不利于孩子的发展。父母往往怀着极好的愿望，却可能强加给孩子太多的压力，以至于抑制了孩子的主动性。令人窒息的爱和恐吓、专横与赞美，可能常常混合在一起。父母们常常给孩子造成一种印象：家门之外，一定有什么危险的东西在等着他。一方父母可能强迫孩子和他/她站在一边儿来反对另一方。父母可能会毫无征兆地一会儿表现为令人愉快的好伙伴，一会儿又变身为严厉的独裁者。特别重要的是，这可能会导致一个孩子觉得，他之所以存在，仅仅出于满足父母的期望、达到父母规定的标准、实现父母预设的抱负、增强父母的声誉、盲目地献身于父母；换句话说，他可能不被允许去做他自己，一个独立的个体，拥有自己的权力和责任。事实上，这些影响常常很微妙、很隐蔽，其效力从未减弱；而且通常不是一种，而是多种不利因素的联合作用。

这种环境的一个后果就是，孩子不能发展出恰当的自尊。他会变得没有安全感，多思多虑、孤立，心中满是憎恨。一开始，对于周围的压力他可能感到无助，但是渐渐地，凭着直觉和经验，他发展出了一些方法来应对周围环境以及求得自保。对于如何巧妙地应对他人，他的方法是发展出非常机警的敏感性。

他之所以发展出这种特殊的技巧，有赖于整个环境的综合作用。一类小孩可能发现，通过固执的违拗加上偶尔发发脾气，能够抵御别人的入侵。他把别人挡在自己生活之外，在自己的私人岛屿上他是主人，憎恨所有强加于他的需求，憎恨所有的建议和期望，认为这些都是对他私人领地的危险入侵。另一类小孩，可能除了完全清除掉自我和自我感受而在盲目服从之外别无出路，只有在可以自由做自己的地方，才能竭尽全力地为自己做点什么。这些没有被侵占的领地可能非常原始或者非常崇高：可以是在隐蔽的浴室里秘密手淫，也可以是沉浸在自然、书本或者幻想的王国。与此形成对照的，是第三类小孩，他并没有冻结自己的情感，但是以某种绝望的奉献精神极端地依附于父母中最强有力的一方，盲目接受父母喜欢的和不喜欢的、父母的生活方式和人生哲学。但是，这种趋势让他自己很难受，因为他同时也发展出了强烈的愿望，希望满足自己。

就这样，这为神经症倾向埋下了伏笔。神经症代表了以一种生活方式受制于各种不利条件。孩子必须发展出神经症症状，才能从不安全感、恐惧和孤独中存活。但是神经症也传递给他们一种无意识的感觉：他必须要不计一切地紧紧依附于已经建立起来的轨道，以避免死于令人恐惧的危险。

我相信，对童年期相关因素了解得足够详细，就能理解一个孩子为什么会发展出一组独特的倾向。在这里不可能去证实这一论断，因为证实它需要大量非常详细的儿童历史的资料。但是也不必证实它，因为每一个具有足够与儿童打交道经验的人，或者重建他们早年发展过程的人，都能亲自去检验。

这种最初的发展模式一旦出现，必然就会继续发展下去吗？如果既定的环境让一个孩子顺从、叛逆、冷漠，他必定会继续这样下去吗？答案是，尽管他未必一定保留他的防御技巧，但有极大的风险会。这些独特倾向的确可能由于早年环境发生了巨大变故而被丢弃或者被修改，甚至可能需要经历很长的时间，有赖于许多幸运的事情，比如遇见了理解他的老师、朋友、爱人、伙伴，找到了与他性格和能力相适应且非常吸引他的工作。但是如果没有这些强有力的中和因素，那么这些已获得的倾向就有极大风险不仅会继续存在，并且迟早会牢牢控制他的人格。

要理解这种顽固性，必须全面认识到，这些倾向不仅仅是一个策略，一种有效的防御来对付难搞的父母；而是若把所有内在的发展因素都考虑进去，则它们是孩子唯一可以应对日常生活的方法。兔子面对危险会逃跑，这是它唯一拥有的策略；它不可能决定去战斗，因为它根本想不到这么做。同样地，一个孩子在艰难的条件下长大，发展出一组生活态度，为神经症倾向打下基础，对于这些他也没办法通过自己的自由意志去改变，甚至反而还迫不得已地要紧紧抓住不放。其实，兔子的比喻也不完全贴切，因为兔子由于天性决定了没有别的办法应对危险；而人不一样，如果智力和精神上没有先天缺陷，就还有另外的潜能。他迫不得已紧紧抓住自己特殊的态度不放，不是因为自身本质上的限制，而是因为事实上他的恐惧、抑制、脆弱、假目标以及对世界虚幻的信念，把他局限于某些方式中，其他方式被排斥在外；换句话说，使他变得僵化，不容许基本的改变。

要说明这一点，有一个办法，就是比较孩子和成年人在面临相似困难时各自是如何与人打交道的。必须要记住的是，下面的比较仅仅是作为例证，并不是要讨论这两种情况所涉及的所有因素。关于孩子的例子，我想起了克莱尔——这是我一位真实的病人，关于她的分析我后面还会再讲到——她有一个自以为是的母亲，总是期待孩子崇拜她并且只对她一个人忠诚。成年人的例子是一位雇员，心理上整合得不错，但他的老板有一些品质和那个孩子的母亲相似。这位母亲和这位老板都有些自鸣得意和孤芳自赏，都很专横，对待他人全凭喜好，毫无公平可言；而且如果他们把自己应受尊敬视为理所应当，别人却没有给予，或者当感受到别人的批评态度，他们就常常会变得充满敌意。

在这种情况下，如果这个雇员有迫不得已的原因要保住工作，那么他会发展出一种技巧来掌控老板。他可能会克制自己不去表达批评意见；不管老板有什么好的品质，他都特别注意，明白无误地表达欣赏；避免赞美老板的竞争对手；赞同老板的计划，而不顾自己的意见；他自己的建议也看起来就像是

在老板的启发下才想出来的。那么这一策略会对他的人格产生
什么样的影响呢？他将会憎恶不公平，也不喜欢不公平必然导
致的欺骗。但是因为他是一个有自尊的人，他会觉得这种不公
平的情况只体现在他老板的身上，而不是他自己身上，并且他
采取这样的行为并不会让他变成一个顺从的、谄媚的人。他的
策略仅仅针对这个特别的老板；对下一个雇主，如果需要改
变，他会有不一样的行为。

理解神经症倾向，关键是要识别出它们和这种临时策略的
区别，否则可能就理解不了它们的力量和普遍性，而犯类似于
阿德勒的过于简化和过于理性的错误。其结果，是同样也会过
于轻视临床要做的治疗性工作。

克莱尔的情况与那个雇员类似，因为她的妈妈和那个老板
在性格上相似，但是克莱尔的情况有必要说得更详细些。她是
个不被期待的小孩，她父母婚姻不幸福。在有了一个孩子（是
个男孩）之后，她妈妈不想再要孩子了。克莱尔是她多次堕胎
未果后出生的。粗看之下，她并没有被虐待或者忽视：她上的
学校和她哥哥的一样好，她得到的礼物和她哥哥的一样多；她
也上音乐课，老师也是同一人；在所有物质方面，她和哥哥被
同样对待。但是在不那么实实在在的事情上，她得到的比她哥
哥少；妈妈对她少了一些温情，对她的学习成绩以及许许多多

日常生活的方面也少了一些关注。她生病了，得到的关心也少些；她不在身旁，妈妈也不会那么紧张，也不太情愿像知心朋友那样对待她，对她的长相和成就也不太欣赏。妈妈和哥哥结成了强有力的、无形的、对一个孩子来说难以说清道明的共同体，她被排斥在外。爸爸没能提供帮助。他大部分时间都是缺席的，他是一名乡村医生。克莱尔曾经可怜兮兮地想要靠近他，但是他对两个孩子都全无兴趣。他的情感全部都集中在孩子们的母亲身上，带着几分无助的钦佩。最终，他一点忙也帮不上，因为母亲毫不掩饰地轻视他。母亲老于世故且很有魅力，毫无疑问地主宰了整个家庭的灵魂。母亲对父亲毫不掩饰的怨恨和轻蔑，包括公开表达希望他去死的愿望，这些对克莱尔影响很大，让她感到和父母中强大的一方在一起会更安全。

　　这种情况导致的一个结果就是，克莱尔从未有机会发展自信。明显的不公平倒是不多，不足以挑起持续的反叛，但是她变得不满、乖戾、怨天尤人。结果是她因为总是感到自己是个牺牲者而被人取笑。她的妈妈和哥哥从来，哪怕只有一点点，都没有想过她的感受——觉得受到不公平的对待——有可能是对的。他们想当然地认为，她的态度说明她性格不好。而克莱尔从没有感到过安全，很容易顺从大多数人对自己的看法，慢慢开始觉得一切都是她的错。相比之下，大家都喜欢妈妈的美貌和有魅力，哥哥的阳光和聪明；她只是一只丑小鸭。渐渐地，她深信自己是不可爱的。

从根本上真实的责怪他人的权利，转变成根本上不真实的毫无根据的自我责备，会造成深远的影响，就像我们现在即将看到的。这一转变不仅仅使得她接受大多数人对她自己的评价，还意味着她压抑了所有对母亲的仇恨。如果一切都是她自己的错，那么对母亲心怀怨恨的理由就从她心中被赶走了。压抑心中的仇恨，只是她加入母亲"粉丝团"的第一步。她更进一步地屈从于多数意见，强烈的动机驱使着她站到妈妈的角度，对自己那些不完美之处充满敌意：发现她自己身上的缺点比发现妈妈身上的缺点肯定更安全。如果她也钦慕母亲，她就不再感到孤独和被排斥，可能还有希望获得一些爱，至少可被接受。但她想要获得爱的愿望没有实现，反而获得了一件让人疑虑的礼物。她的母亲，就像那些靠别人的羡慕活着的人一样，对那些喜欢她的人从不吝啬自己的赞美。克莱尔不再是被忽视的丑小鸭，而成了好妈妈的好女儿。这样，她逐渐建立起了以外在羡慕为基础的伪自信，并以此取代已被打碎的自信。

从真正的反叛转变成虚假的钦慕，克莱尔曾经拥有的自信丧失殆尽。用一个多少有点含糊的术语就是，她丧失了自我。她羡慕的实际上是她憎恨的东西，这样，她与自己真实的感受隔离了。她不再知道自己喜欢什么、想要什么、害怕什么、憎恨什么。她不再有能力去维护自己想要被爱的愿望，或者说所有愿望。尽管有表面上的自信，但她觉得自己不可爱的信念实际上加深了。因此，在后来的生活中，当有人喜欢她，她没办法按照这份情感的含义来接受它，而是通过各种方法丢弃它。有时候，她会认为这个人误解了她，她其实没有那么好；有时候，她会把这份情感归结为感激之情，感激自己曾经帮过忙，或者期待自己以后会帮上忙。这种不信任深深地破坏了她的每一段人际关系。她也丧失了批评判断的能力，只遵照无意识准则：羡慕别人要比批评别人安全。这种心态束缚了她的聪明才智，也让她觉得自己愚蠢，实际上她的才智不低。

所有这些因素，导致了三种神经症倾向的发展。一种是对她自己的愿望和需求有强迫性的隐忍。这又引起了另一种强迫性的倾向：要把自己放在第二位，替别人想得多，替自己想得少；认为别人都是对的，自己都是错的。但即便就是这样限制自己，她还是无法感觉到安全，除非有人能让她依靠、会保护她、给她建议、激励她、表扬她、为她负责、给她想要的一切。她需要这一切，因为她不再有能力用自己的双手掌控自己的生活。所以，她发展出来对"合伙人"的需要——朋友、爱人、丈夫——她可以依赖他。她愿意从属于他，就像曾经从属于她母亲。但同时，由于他全心全意地爱她，他会重建她已被粉碎的尊严。第三种神经症倾向——强迫性地想要超过他人、战胜他人——同样也是为了重建自尊，但另外也吸收了所有由于伤害和羞辱而积累起来的怨怼。

继续来比较这两种情形，总结一下我们原本想要证明的：这位雇员和这个孩子都发展出了应对各自情形的策略；两个人的技巧都是把自己的位置往后放，而对有权力者采取了钦慕的态度。因此粗看上去，他们俩的反应似乎挺类似，但实际上完全不同。雇员没有失掉自尊感，没有丧失批评判断能力，没有压抑他的怨恨。相反，孩子丧失了自尊、压抑了敌意、放弃了批判的能力，变得谦卑、自我贬低。简言之，成年人仅仅只是调整了他的行为，而孩子的人格改变了。

神经症倾向这种顽固的、无孔不入的本质会给治疗带来极大的影响。病人常常期待一旦发现了自己的强迫性需要，他们就能够消灭掉这种需要。然后，如果这种倾向还压倒性地掌控着他们，非常顽固，哪怕在强度上也几乎没有一点减轻，病人就会失望。的确，病人的这种愿望并不是完全不可实现：对于轻微神经症患者，一旦被识别，神经症倾向真的会消失；关于这一点，我会在后面"偶尔为之的自我分析"那一章中的一个例子里再做讨论。但是在所有的更复杂的神经症中，这种期待

必然落空，就像期待失业率这样的社会灾难，只要认识到这是
个问题就不再存在一样。不管哪种情况，个人的还是社会的，
都有必要去研究；如果有可能，还要去对某些力量施加影响，
正是那些力量制造并维持了这种破坏性的倾向。

我已经强调过神经症倾向能提供安全感。就像之前提过
的，这种属性解释了它们为什么有强迫性。但是，它们产生的
满足感，或者说满足的希望，所扮演的角色也不应低估。这种
满足感或者满足的希望，可能强度各有不同，但绝不会没有。
某些神经症倾向，比如对完美的追求或者强迫性的谦逊，其防
御的一面是最主要的。另外一些神经症倾向通过努力成功来获
得，或者期待获得满足的愿望是如此强烈以至于这种努力带着
一种毁灭性的激情。比如，对依赖的神经症需要通常会无比生
动、活灵活现地期待和那个会接管自己生活的人在一起的幸福
画面。已然很满足或者很期待满足的强烈气息会引发一种趋
势，让治疗无法进行。

神经症倾向的分类方法有很多种。那些极力想要与人靠近
的方法，可以与那些致力于超然离群、与人保持距离的方法形
成对比。那些强迫性地想要成为这样或那样的依赖者的方法，
可以与那些强调独立的方法放在一起对比。豪爽的倾向与致力
于给生活过多限制的倾向相对立。强调个人独特性的倾向和旨

在适应别人或者消除自我的倾向形成对照，自我膨胀者和自我贬低者形成对比，等等。但是这样分类不太清晰，因为各类别之间存在重叠。因此我将只罗列目前凸显出来成为可描述实体的各种倾向。我肯定，这个清单既不全面也不清晰。其他的倾向可以继续增添进来，并且一个目前看来自成一体的某种倾向，也可能被证明只是其他倾向的变种。没有办法在这一章中详细描述各种倾向，虽然这些内容很值得期待，其中有些已经在我出版的书中详细描述过了。在这里只要列举它们，然后对主要特征粗略枚举就足够了。

1. 对爱与赞美的神经症性需求（参见《我们时代的神经症人格》，第 6 章，"爱的需要"）：

   不加选择地讨好别人以及希望被别人喜欢和赞美的需要；

   自动满足别人的期待；

   重心放在别人身上而不是自己身上，别人的愿望以及意见是唯一重要的事；

   畏惧自己做主；

   害怕别人表现出的敌意或者自己内在感受到的敌意。

2. 对于"合伙人"，那个可以接管自己生活的人，有神经症性的需求（参见《精神分析新方法》，第 15 章，"受虐狂"；以及弗洛姆的《逃避自由》，第 5 章，"权威主义"；还有本书第 8 章给出的例子）：

重心全部放在"合伙人"身上，合伙人要满足自己对生活的所有期待，负责分辨善恶；他能否成功操纵合伙人是头等大事；

对"爱"评价过高，认为"爱"会解决一切问题；

害怕被抛弃；

害怕孤独。

3. 神经症性地要把自己的生活限制在狭小的范围内：

一定要让自己不苛求，容易满足，限制自己在物质方面的雄心和愿望；

一定要让自己不起眼，甘居第二。

轻视自己既有的才能和潜力，认为谦逊有至高无上的价值；

很愿意储蓄而不愿意消费；

害怕提出任何要求；

害怕表达或者张扬自己的愿望。

这三种倾向，正如所料，常常一起出现，因为他们都给软弱发放通行证，并以此为基础组织安排生活。与它们相对立的倾向是：靠自己的力量为自己负责。然而，这三种倾向并不会合并形成综合征。第三种可能独自存在，不需要其他两种过多的参与。

4. 对权力的神经症性的需求（参见《我们时代的神经症人格》，第10章，"对权力、名誉和财富的需求"）：

渴望控制他人，仅仅为了控制而控制；

献身于事业、职责和责任，虽然也发挥了一些作用，但并不是被内心的力量驱动；

本质上不尊重别人，不尊重别人的个性、尊严、感受，唯一关心的就是别人是否服从；

所涉及的各种破坏性元素的破坏程度因人而异，大不相同；

不加鉴别地崇拜力量、蔑视软弱；

害怕无法控制的情况出现；

害怕无助感。

4a. 神经症性地希望通过理性或者预测来控制自己和他人（是第4种的一个变种，指那些过于抑制自己不敢公开直接运用权力的人）：

相信智力和理智是万能的；

否定且蔑视情感的力量；

极力推崇远见和预测；

涉及预见能力的时候，自觉高人一等；

鄙视自己身上拖了智力优越感后腿的部分；

害怕认识到推理能力具有的客观局限性；

害怕"愚蠢"及判断力差。

4b. 神经症性地去相信意志力是全能的（是第 4 种类型的一个比较内向的变种，用一种模棱两可的说法指那些与别人高度分离的人，对他们来说，直接运用权力意味着和别人有太多的接触）：

有一种刚毅的感觉，源自对意志魔力的信任（就像拥有了一个愿望指环）；

对所有愿望受挫的反应都是忧伤孤寂；

因为害怕"失败"而倾向于消灭或者限制愿望并抑制兴趣；

害怕认识到绝对愿望会受到的任何限制。

5. 对剥削别人、千方百计地打败别人有着神经症性的需求：

评估别人主要依据别人是否可被剥削利用；

多方位地剥削——金钱（酷爱讨价还价）、想法、性、情感；

骄傲于自己剥削别人的技巧；

害怕被别人剥削，这样自己就"很傻"。

6. 对社会认可和名望有着神经症性的需求(可能会、也可
   能不会与对权力的渴望结合在一起):

   评判所有的事物——非生物、金钱、人、自身的品质、
   活动、感觉——都按照其声望价值标准;

   对自我的评价完全依赖于社会接受度;

   采用传统的方法还是反叛的方法引起别人的嫉羡或者钦
   佩,因人而异、各不相同;

   害怕丧失社会地位(觉得"丢脸"),不管是因为外部环
   境还是因为自身原因。

7. 对个人崇拜有着神经症性的需求:

   自我形象膨胀(自恋);

   需要被人崇拜,不是因为他拥有什么,或者他以什么样
   的形象出现在公众视野里,而是因为他想象中的自我;

   自我评价依赖于自己是否符合这个形象,依赖于别人是
   否崇拜这个形象;

   害怕不被人崇拜(觉得"丢脸")。

8. 对个人成就有着神经症性的野心:

   不是因为自己做了什么和自己是谁,而是通过自己参与
   了什么样的活动去超越别人;

   自我评价取决于自己是不是最好的——情人、运动员、

作家、工人——特别是在自己看来，当然别人的认可也
至关重要，如果没有就心生怨恨；

各种破坏性的倾向（为了打败他人）混合在一起，虽各自
程度不同，但从不缺位；

无情地驱使自己追求更大的成功，尽管焦虑已无处
不在；

害怕失败（"丢脸"）。

以上三点的共同之处在于，或多或少都公开具有一些竞争性的
内驱力，想要彻底超越别人。尽管这些倾向可能有重叠或者互
相结合，但是各自独立存在。例如，对个人崇拜的需求可能伴
随着对社会名望的漠视。

　　9. 对自给自足和独立有神经症性的需求：

　　　　绝不需要任何人，或者屈服于任何影响，或者受任何事
　　　　物的羁绊；

　　　　绝不接受任何涉及被奴役风险的接近；

　　　　保持距离和各自独立分开是安全感的唯一来源；

　　　　害怕自己需要他人，害怕与人连接，害怕亲密，害
　　　　怕爱。

　　10. 对完美无瑕、无懈可击有着神经症性的需求（参见《精
　　　　神分析新方法》，第 13 章，"超我"；以及《逃避自

由》，第5章，"自动适应"）：

永不停歇地追求完美；

对可能的瑕疵不停地反思和自我责备；

因为完美而觉得高人一等；

害怕发现自身的缺点、害怕犯错误；

害怕批评和责备。

回头再思索这些倾向，最引人注目的一点是它们所包含的所有追求和态度：就其本身而言，没有一个是"不正常"的，或者说是缺少人性价值的。我们中的大多数人都需要且重视爱、自我控制、谦逊、对人体贴等方面。期待通过另一个人来实现自己的人生目标，至少对一个女人来说是"正常的"，甚至是贤惠的。这些追求中的一些，我们还会毫不犹豫地高度赞许。自给自足、独立、听从理智的指引，这些通常被视为是珍贵的、值得追求的目标。

鉴于以上事实，那么这个问题一定会被反复提出：为什么称这些倾向为神经症？有了这些倾向真的不正常吗？就算对某些人来说，某种倾向占支配地位，甚至还有某种程度的僵化，可是不同人的行为是由完全不同的倾向决定的，这些各不相同的追求难道不仅仅是不同价值取向的人的不同表达及其应对生活的不同方式吗？不是自然而然的事吗？比如，内心柔软的人会相信爱，而坚强的人则重视独立和领导力。

　　这个问题非常有帮助，因为区分这些人类的基本追求和神经症倾向及其评估标准不仅有理论意义，也有非常重要的实践意义。这两种追求的目标相似，但是其出发点和方法完全不同。它们之间的区别大到就像"+7"和"−7"之间的区别：两种情况都是数字"7"，就像我们用同样的词，爱、理智、完美，但是前缀改变了数字的特性和值。掩藏在表面相似性之下的不同之处，在对比克莱尔和雇员的例子中已经提到过；从更普遍的角度多做些对比，更能反映正常与神经症倾向之间的区别。

　　只有先爱别人，希望从别人处得到爱的愿望才是有意义的，爱是彼此有共通之处的一种感觉。因此，重点不仅仅在于得到友爱，更在于主动付出的感觉：一个人有能力为他人付出，并将这种能力展现出来。但是对爱的神经症需求缺乏互惠价值。对于神经症者来说，他自己爱的情感少到可以忽略不计，他的感觉就像被奇怪的、危险的动物团团围住。准确地说，甚至实际上他并不需要别人的爱，而只在意别人不要对他有任何攻击性的行动，对此他非常敏锐且全神贯注。相互理解、包容、关心、共情所包含的非凡价值，在这样的关系中没有位置。

类似地，完善我们自身的天赋、发挥生而为人的才能，这当然值得我们努力追求，甚至毫无疑问，如果我们每一个人身上的这种追求都鲜活有力，世界必将更美好。但是对完美的神经症需求，尽管表述起来用的是同样的词，它却丧失了这种特殊的价值，因为它代表着"努力想要完美"或者"看上去完美"，但拒绝发生任何改变。他们没有进步的可能，因为发现自身还有需要改变的地方是如此可怕，因此一定要避免。他们唯一真正关心的是掩饰所有缺点，以防暴露而被人攻击，他们要维持隐秘的优越感。就像对爱的神经症需求一样，人本身的主动参与性不够，或者被损害了。这种倾向不是积极努力地去追求，而是对虚幻的静止现状的坚持。

最后要对比的一点：我们所有人都非常重视意志力，视之为追求目标的过程中一种非凡意义的力量，而追求目标本身就很重要。但是对全能意志的神经症性信念则是一种幻觉，因为它完全忽略了一些限制因素，但这些限制因素可能让最坚决的努力落空。再大的意志力也不能帮我们解决周日下午的交通堵塞问题。另外，如果意志力的目的是为了证明其本身的有效性，那么意志力的优点就失效了。被神经症倾向控制的人，任何对他当下冲动愿望的妨碍都会驱使他做出盲目而疯狂的行动，不管他是否真的想要追求那个特定的目标。实际上是反过来的，不是他拥有意志力，而是意志力拥有了他。

这些例子足以说明，神经症性的追求几乎是其类似人性价值的讽刺漫画。它们缺乏自由、自主和意义。它们常常卷入太多的幻想成分。它们的价值是主观个人的，且只存在于这样的事实中：它们多多少少，许下了那个神经症者极度渴望的诺言，承诺会给他们带来安全，并解决所有问题。

还有更深远的一点需要强调：神经症倾向不仅没有它们所模仿的人性价值，甚至它们也不代表一个人真正想要的东西。比如，如果一个人把所有的精力都投入追求社会名望或权力，他可能会相信他真的想要这些目标；实际上，就像我们已经看到的，他只是被驱使着去追求那些目标；就好像他乘飞机飞行，他以为自己是驾驶员，而实际上飞机是被遥控飞行的。

接下来要思考的大约是，神经症倾向是怎样以及在多大程度上决定一个人的性格并影响其一生的。首先，这种追求使得一个人必定发展出来一些附属的态度、感受及行为类型。如果一个人的倾向是追求无条件的独立，那么他可能想要保持隐秘并与人疏离，以防任何可能的侵扰闯入他的私人领域，他会发展出一些技巧和他人保持距离。如果他的倾向是严谨苛刻的生活，他可能会很谦逊，要求不高，时刻准备着向任何比他更有攻击性的人屈服。

而且，神经症倾向很大程度上决定了一个人对自己是什么样和应该是什么样的想象。所有神经症者的自我评价都非常不稳定，在膨胀的自我形象和垂头丧气的自我形象之间摇摆。识别出神经症倾向，就有可能理解具体是什么原因让一个人意识到对自己的某些评价而压抑了其他评价，让一个人有意识或者无意识地对某些态度或者品质非常骄傲，而毫无客观原因地忽略其他的态度或品质。

例如，如果 A 通过相信理智和预见力而建立起了一种保护性的信念，他可能不只会对一般而言的理智能够达成什么有过高的估计，同时还特别骄傲于自己的推理能力、判断力和预测能力。他觉得自己优于他人的信念主要来源于确信自己智力超群。还有，如果 B 感到他自己无法自立，必须要一个"伙伴"来充实他的生活并指明方向，他必定不只高估爱的力量，还高估自己爱的能力。他会误以为自己控制别人的需要是一种特殊而伟大的爱的能力，并会对这种虚幻的能力感到非常骄傲。最后，如果 C 的神经症倾向是通过自己的努力掌控所有局势，不惜一切代价地自给自足，他将会对自己能够自力更生、绝不需要任何人感到极度的骄傲。

对这些信念的维持——A 的信念是他推理能力超群，B 信任自己爱的天性，C 信任自己独自处理事务的能力——也变得和产生他们的神经症倾向一样具有强迫性。但是这些品质中包含的自豪感敏感而脆弱，这也是有原因的。自豪感的根基不是太牢固，它建立在过于狭窄的基础上，又包含了太多虚幻的成分。实际上，对这些品质的自豪是服务于神经症倾向的必需品，而不是因为这些品质真的存在。实际上 B 几乎没有爱的能力，但是他对这一品质的信念是不可或缺的，以免他发现自己的追求是不真实的。如果他对自己爱的天性有一丝的怀疑，他就不得不承认，实际上他并不是在寻找一个人去爱，而是在寻找一个人，希望这个人会把自己的全部生命都只奉献给他，但他又没有能力给予太多回报。这对他的安全感来说，意味着致命的威胁，因此当任何人企图对这一点提出批评时，他的反应一定是恐慌混合着敌意，以其中一种为主。类似地，如果有人对 A 的良好判断力有所质疑，他的反应一定是非常恼怒。而对于 C 来说，他的自豪感来源于不需要任何人，如果有人暗示说没有别人的帮助或者建议他不会成功，就一定会激怒他。珍贵的自我形象受到侵犯产生的焦虑和敌意又进一步地损害了他与别人的关系，因此也迫使他更加强烈地坚持自己的保护性策略。

　　神经症倾向不只强烈影响一个人的自我评价，还影响一个人对他人的评价。一个追求声望的人，评判别人时只根据声望：他会把一个拥有更大声望的人看得比自己更重要，声望较低的人他会看不起，而不管这个人真实的价值。强迫性顺从的人可能会不加选择地崇拜所有在他看来有力量的人，哪怕这种力量仅仅是一些古怪的或者肆无忌惮的行为。必须要剥削别人的人，一定会喜欢但同时也会瞧不起那些让他剥削的人；他会认为一个强迫性谦逊的人要么愚蠢、要么虚伪。强迫性依赖的人可能会羡慕强迫性自给自足的人，认为他不受约束自由自在，然而实际上后者只不过是受制于另一种神经症倾向。

最后一个要在这里讨论的后果，是神经症倾向导致的抑制。抑制可能是局部的，也就是说涉及具体行为、感受或者情感，例如以阳痿或者无法打电话的形式出现；或者是弥散性的，涉及生活的方方面面，比如自主性、自发性、提出自己的要求、与人亲近等各方面。作为规条出现的特定的抑制，是在意识层面的。弥散性的抑制，尽管更重要，却更难以触摸得到①。如果它们变得非常强烈，那么通常人都会感到被抑制，但是并不清楚具体是怎样被抑制的。它们也可能非常细微、非常隐蔽，人们可能意识不到它们的存在和影响。一个人会通过

---

① 参见 H.舒尔茨-汉克，《被抑制的人》。

各种方法来模糊对抑制的觉知，其中最普遍的就是合理化：一个人因为抑制而不愿意在社交集会中和别人讲话，可能会认识到自己在这一点上被抑制了，但也可能他只简单以为是自己不喜欢聚会、觉得聚会很无聊，他会找很多合理的理由拒绝别人的邀请。

神经症倾向造成的抑制主要是弥散型的。为了说得更清楚些，我们把被神经症倾向困扰的人和走钢丝的演员做一比较。后者为了走到钢丝的另一端而不中途掉落，必须要避免左顾右盼，必须全神贯注盯着钢丝。这里我们不会说他不左顾右盼是抑制，因为走钢丝演员清楚地知道危险的存在而有意识地避开危险。一个在神经症倾向中的人也一定同样焦虑，尽量避免偏离既定的路线，但是他的情况和走钢丝演员有很大的不同，在他这里，这个过程是无意识的：强烈的抑制把他局限在已铺就的轨道上，让他无暇左顾右盼。

所以，一个让自己依赖于伙伴的人，会遭受抑制而无法靠自己独立行动；一个倾向于过严苛生活的人，会遭受抑制而没有也更不用提去主张自己的扩张性愿望了；一个对控制自己和他人有着神经症需求的人，会遭受抑制而感觉不到任何强烈的情绪；一个强迫性的追求名望的人，会遭受抑制而不敢在公众场合跳舞、讲话或者做任何可能危及他名望的事情——实际上他整个的学习能力都瘫痪了，因为从一开始，他就不能忍受自己看起来很笨拙的样子。所有这些抑制尽管各不相同，但有一个共同特征：都代表着对任何自发的感觉、想法和行动的稽查。一个人在走钢丝的时候，虽然不多，但还有自发的谨慎小心。一个神经症患者，如果必须跨越既定的界限，心中产生的恐慌一点不亚于走钢丝者失足掉落时的恐慌。

所以，每一种神经症不只产生特定的焦虑情绪，还有特定的行为类型、特定的关于自己和他人的想象、特定的自豪感、特定的脆弱和抑制。

到目前为止，我们都假定一个人只有一种神经症倾向，或者合并了同类型的几种，因而问题还比较简单。我们已经发现，把自己的人生交给伙伴的神经症倾向，常常合并普遍的对爱的需求以及把自己的人生限制在很小范围的神经症倾向；对权力的追求更是经常和对名望的追求一起出现，以至于他们看起来像是一种神经症倾向的两面。坚持绝对的独立和自给自足，常常与相信可以通过理智及远见完全掌握人生这种信念纠缠在一起。在这些情况中，不同类型的倾向共存也不一定让事情更复杂，因为尽管有时候不同的倾向之间会起冲突——例如，被崇拜的需要和控制的需要——他们的目标也相去不远；但这并不意味着没有冲突：每一种神经症倾向自身都携带着冲突的种子。但是如果合并了类似的神经症，这些冲突就比较易于通过压抑、回避等等手段加以控制，当然个体要为此付出巨大的代价。

如果一个人发展出来几种本质上互不兼容的神经症倾向，那么问题就从根本上发生了变化。他的处境就堪比一个仆人侍奉两个主人，而这两个主人给他的命令相互矛盾，还都要求他盲目服从。如果顺从和绝对独立对他来说一样强迫，那么他就会陷入一种冲突，无法达成长久的和解。他想去寻找折衷的解决办法，但矛盾在所难免，两种敌对的追求必定常常互相干扰。同样的僵局也出现在强迫性地需要以一种独裁的方式控制别人与努力想要依靠别人的合并情况；或者是剥削别人的需要与作为高高在上、能护佑他人的天才而受到崇拜的需要，两者的强烈程度势均力敌的情形：剥削别人的需要会妨碍一个人的创造力。实际上，当任何两种矛盾的倾向一起出现时，这种僵局就会发生。

神经症的"临床症状"，比如恐惧、抑郁、酗酒，基本上都来自这些冲突。越能认识到这一事实，就越能忍住不去直接解释这些症状。如果他们是各种倾向相互冲突的结果，那么在没有理解底层结构之前就试着理解他们，这几乎是徒劳无功的。

自我分析 第二章 神经症背后的驱动力

现在应该比较清楚了："神经症"的本质是神经症性人格结构，其焦点是神经症倾向。每一种倾向是人格中的一个核心子结构，每一个子结构都和其他子结构在多个方面紧密相关。认识这种人格结构的本质和复杂性不仅有理论意义，也有重大的临床价值。然而，甚至连精神病学家都低估了当代人人格的这一错综复杂的特点，更何况非专业人士。

神经症者的人格结构多少都有些僵化，但同时又很不稳定、很脆弱，因为它有很多的弱点——虚假、自我欺骗、幻想等。从很多点来看，当然每个人的神经症人格结构都不相同，它的失效都是显而易见的。神经症患者自己深刻地感到自己从根本上出问题了，尽管他不知道是什么问题。他可能拼命坚持认为一切都好，除了有点头疼或者暴食；但是在内心深处他知道，有什么地方不对劲。

他不但无视问题的来源，而且还极力维持这种无视，因为就像上面强调过的，他的神经症倾向对他来说有明确的主观价值。在这种情况下，有两条路可供他选择：他可以无视神经症倾向的主观价值，而去追究它们所造成缺陷的本质和原因；或者，他可以否认有什么不对劲，认为一切都不能改变。

在分析中，两条道路都会走，不同的时刻不同的道路占主导。神经症倾向对一个人来说越是不可或缺，它们真正的价值越是遭到质疑，他一定会越拼命地维护它们，替它们辩护。这种情况可类比于政府需要维护它的行为或者为之辩解。问题越多的政府越难以承受批评，越要维护它的正确性。这种自我辩护就构成了我称为"次级防御"的东西。它们的目的不只是要保护一个或者两个有问题的因素，而是要捍卫整个神经症结构的继续存在。它们就像是环绕在神经症周围起保护作用的雷区。尽管在具体细节上可能各不相同，但它们的共同特征就是劝服别人相信：基本上一切都是好的、对的、不可改变的。

为了不留下任何漏洞，他的态度倾向于泛化到一切事物，这和次级防御的复杂功能是一致的。由此一来，就像是一个用自以为是的盔甲把自己包裹起来的人，不但会辩护说他被权欲驱动是正确的、合理的、正当的，而且还不愿承认他所做的一切是错的或者有问题的，尽管可能很琐碎。次级防御可能会非常隐蔽，只有通过分析工作才能发现，也可能会构成人格可观察部分的显著特征，很容易被识别出来：例如，有的人必须要自己永远是对的。次级防御不一定作为人格特征显现，而是可能会披上道德或者科学信条的外衣；因此，过分强调本质因素常常代表着一个人确信他这样是因为他"天生"就这样，所以一切都没法改变。同时，这些防御的强度和僵硬度也变化多端。比如克莱尔的例子，本书贯穿着对她的分析过程，次级防御几乎没起什么作用。另外也有人次级防御非常强,以至于没办法进行任何分析。一个人越是下定决心要维持现状,他的防御就越是难以攻克。但是,较之于神经症人格结构本身的多变和多面,次级防御尽管在清晰度、强度和临床表现上变化多端,却呈现出简单主题的单调重复:"好""正确""不可改变",一种或者多种组合在一起。

现在,我将回到我一开始提出的论断:神经症倾向是心理失调的核心。当然,这个论断不是说神经症倾向是一个人感受最强烈的失调;正如之前提到过的,他通常不知道这些神经症倾向是他生活中的驱动力量。这个论断也不是在说,神经症倾向是所有心理问题的终极来源;神经症倾向本身也是来源于之前发生在人际往来中的失调和冲突。毋宁说我的论点是:整个神经症结构的焦点,是我称为"神经症倾向"的东西。它们为摆脱早年的灾难提供了一条出路,带来一点希望,让一个人能够应付自己的生活,尽管代价是破坏了一个人与自己及他人的关系。但同时,神经症倾向也制造了各种各样的新的失调:对世界及对自己的幻想、脆弱性、抑制、冲突。它们既为最初的磨难提供了解决方案,同时又是新磨难的根源。

第三章 精神分析理解的各阶段

了解各种神经症倾向及其含义，就可以大致明白在分析中要修通什么。但是，了解一下按照什么顺序去工作也很有必要。是匆匆忙忙先解决问题吗？是零碎地，这里一点那里一点地领悟，直到最后把所有这些碎片拼在一起形成可理解的图像吗？还是有原则可循，这些原则会在资料本身呈现的迷宫中指导分析工作的进行？

弗洛伊德对这个问题的答案似乎过于简单。弗洛伊德认为，一个人一开始在分析中的呈现和他通常在生活中的呈现是一样的，然后他被压抑的斗争会慢慢浮现，这是一个连续的过程，先是较少压抑的内容，到后来是较多压抑的内容。我们如果采取俯瞰的视角来观察分析过程，这个答案依然适用。甚至，如果零零散散的发现都是围绕着一条垂直线展开，我们也是沿着这条垂直线逐渐深入的话，那么把这个答案中包含的一般原则作为行动的指导也足够了。但是，如果我们假定情况就是这样的，如果假定只需要不断分析临床材料所显示的内容，我们就能一步一步深入被压抑的领域，那么很快我们就会发现自己陷入了一片混乱之中——这种情况发生的还的确不少。

上一章里形成的关于神经症的理论给了我们更具体的指导。理论认为，神经症人格中有很多来自神经症倾向的焦点，人格是围绕着这一个个焦点建立的。简单来说，从中得出的用于指导治疗过程的结论是，我们应该去发现每一种倾向，并且一次次地向更深层迈进。更准确地说，每一种神经症倾向的隐含意义都被不同程度地压抑着。压抑较浅的首先被触碰到，压抑较深的后来才会浮现。后面第八章中大量的自我分析案例会很好地说明这一点。

同样的原则也适用于神经症本身的解决顺序。一个病人一开始可能呈现的是他所需要的绝对独立和优越，很久以后分析师才能够发现和处理那些表明他有顺从或者爱的需要的迹象；另一个病人可能一开始就很坦率地展示他对爱和赞美的需要，而他想要控制他人的倾向，如果有的话，在开始阶段也几乎触碰不到；第三个病人，可能会从一开始就展现出高度发展的权力欲。实际上，一开始呈现的神经症倾向并不能说明它就比较重要或者比较次要：首先呈现的神经症倾向不一定是最强烈的那个，这里的最强烈是指对病人人格影响最大。毋宁说那个首先呈现的倾向首次明确了什么东西最符合病人有意识或者半有意识的自我形象。如果次级防御——自我辩解之法——高度发展，可能会从一开始就完全主宰一个人的自我形象。在那种情况下，神经症倾向只有很久以后才能够被发现、被触碰到。

我希望通过病人克莱尔的例子来说明理解的各个阶段，有关她的童年史部分前一章已经简短概述过了。当然，若报告该分析案例是为了这里所说的目的，那么实际的分析过程就需要被简化和提炼。我不但要省略很多细节和分支，还要省略掉分析工作中碰到的所有困难。此外，总的来说，呈现在这里的不同阶段要比真实场景的各阶段清晰很多：例如，报告中属于第一阶段的各部分实际上当时只是朦胧出现，在整个分析过程中才越来越清晰。但是我相信，这些误差不会根本性地削弱所呈原则的有效性。

因为各种原因，克莱尔直到30岁才开始分析性治疗。她很容易陷入一种瘫痪般的疲劳中，这对她的工作和社交造成了干扰。同时，她还抱怨自己明显缺乏自信。她是一家杂志社的编辑，尽管她的职业生涯以及目前的职位都令她满意，但是她想写剧本和小说的雄心被阻遏住了，因为她受到难以逾越的抑制。她能够完成日常工作，但没法创造性地工作，不过她有意把后者解释为可能是因为她没有才华。她23岁结婚，但是婚后3年丈夫就去世了。此后她和另一个男性保持着关系，直到分析开始后还在继续。据她最初的描述，两段关系都令人满意，不管是在性方面还是其他方面。

分析总共跨越了4年半的时间。前一年半的时间是她在被分析。之后是两年的中断，期间她做了大量的自我分析，之后又间断地回到分析中，约一年时间。

克莱尔的分析大致可划分为三个阶段：发现她有强迫性的谦逊；发现她强迫性地想要依赖伙伴；最后，发现她强迫性地要去迫使别人承认她的优秀。所有这些倾向对她自己或者别人来说都不易觉察。

在第一阶段，提示有强迫性元素存在的数据是下面这些。她容易轻视自己的价值和能力：不仅对自己拥有的有利条件没有信心，还坚决地否认自己拥有它们，坚持认为自己不聪明、没有魅力或者没有天赋，并且倾向于摒弃相反的证据。而且，她常常认为别人比自己优秀。如果意见有分歧，她会不假思索地相信别人是对的。她回想起来，当丈夫与另一个女人发生外遇关系时，她没有做任何抗议，尽管她感到非常痛苦；她设法让自己认为，丈夫有理由去喜欢别人，因为那个人更有魅力、更可爱。另外，让她为自己花钱几乎不可能：当和别人一起旅行时，她可以住昂贵的酒店，也很享受，而且她会分担自己消费的部分；但是一旦独自一人，她就没办法让自己把钱花在诸如旅行、打扮、玩耍、买书等事情上面。最后，尽管是一名主管，但是让她给别人下命令几乎不可能：如果一定要下命令，她会感到非常不好意思。

从这些材料可以得出结论：她发展出了强迫性谦逊，她感到强迫性地要把自己的生活限制在很窄的范围内，而且她永远都甘居第二或者第三。这种倾向被识别出来，并且探讨了其童年起源后，我们开始系统地搜索它的临床表现和它导致的后果。这种倾向到底在她的生活中扮演了什么角色？

无论从哪个方面，她都不能维护自己。在讨论中，她很容易受别人意见的影响。尽管她对人有很好的判断能力，但是从来都没法站在任何批评的角度去对人或者对事，除非她的编辑工作期望她站在批评的角度。比如，她没有察觉一个同事正试图暗中破坏她的职位，因而她遇到了非常大的麻烦；当别人都看得清清楚楚的时候，她仍然把这位同事当作自己的朋友。在比赛中，她强迫性地甘居第二，这一点表现得很明显：例如打网球，她常常由于太过放不开而打不好，但偶尔她也能够打得很好，然后一旦觉察到自己可能会赢，她就开始打得糟糕起来了。别人的愿望比她自己的重要：她留出时间来休假，至少也是别人想让她休的，这样她才会心安。还有，如果其他人不太满意总体的工作量，她会做得比自己应该做的要多。

最重要的是，她的情感和愿望总体上受到压抑。个人发展计划受到抑制，她认为这样做特别"现实"——证明了她从不想要自己够不着的东西。实际上，她和一个对生活有过多期待的人一样，一点也不"现实"，她只是把自己的愿望抑制在她可实现的水平之下。在生活的各个方面，她都不现实地低于她应有的水准——社交方面、经济方面、职业方面、精神方面。她被很多人喜欢，看起来很有魅力，能够写一些有价值、有独创性的东西，这一切她都能做到，就像她在后来的生活中所展示的那样。

这种倾向最寻常的后果就是自信心的持续降低以及对生活弥散性的不满。后一种她还一点都没意识到，而且只要一切对她来说都"还不错"，只要她还没有清楚地意识到自己有愿望或者愿望没被满足，她就还是无法感知。这种对生活的总体不满，唯一可以显现的途径就是在一些琐事中，以及时常突然爆发的大哭，对此她还完全不能理解。

有相当长一段时间，对这些已发现的真相，她只有碎片般的认识；在重要问题上，她默默地持保留意见，认为要么是我对她评价过高，要么是我觉得好的治疗就是要鼓励她。然而最终，她通过一种戏剧化的方式认识到，她的谦逊背后隐藏着真正的、强烈的焦虑。当时她打算对杂志提出一项改进计划。她知道她的计划不错，大概不会遇到太多反对意见，最终会赢得每个人的赞赏。但是在还没有提出之前，她感到强烈的恐慌，她完全没有办法合理化这种恐慌。征求意见的讨论会开始时，她还是感到恐慌，并突然出现腹泻，因而离开了讨论现场一会儿。不过随着讨论慢慢变得对她有利，她的恐慌也逐渐平息了。计划最终被大家接受，她也获得了极大的认可。她兴高采烈地回家了，在接下来的分析时段中仍然情绪高昂。

我轻描淡写地评论了这件事，大意是说这对她来讲是相当大的一个胜利，她带着轻微的恼怒否定了我的评论。她当然很享受被大家认可，但是她最明显的感受之一是逃脱了一场极大的危险。只有等到两年多以后，她才能去处理这种体验中的其他元素，这些元素与雄心、害怕失败、成功相伴随。而当时她的感受，就像她在自由联想中表达的那样，全都集中在"谦逊"这个问题上。她感觉自己非常狂妄地提出了一个新计划，她应该明白自己几斤几两！但是慢慢地，她认识到这种态度基于这样一个事实：对她来说，有一个人为划定的狭窄区域，她一直在焦虑不安地守护着，建议她换个思路意味着冒险冲出那个区域。只有当她认识到这些观察结果的真正涵义时，才深信她的谦逊是一个假象，她处于安全感是在维持这个假象。这第一阶段的工作成果是她开始对自己有信心，有胆量感受并维护她自己的愿望和想法。

第二阶段主要是针对她对"伙伴"的依赖展开。所牵涉的大部分问题她都是自己修通的，后面会报告更多的细节。这种依赖具有压倒性的力量，比之前讨论的倾向被压抑得更深。在她和男性的关系中从没有出过什么问题。相反，她深信他们都是特别棒的。分析逐渐改变了她心中的这幅画面。

有三种主要因素提示她有强迫性依赖。首先，当一段关系结束或者与重要的人暂时分开的时候，她会感到完全迷失，就像在陌生的森林里迷了路。第一次有这种体验是她20岁离开家的时候。那时她觉得自己就像一根羽毛在宇宙中飘荡，她给妈妈写了一封满含绝望的信，说她离开妈妈活不了。直到她迷上了一个老男人之后，思乡病才痊愈了。这个老男人是一个成功的作家，对她的作品感兴趣，以一种高高在上的姿态指导她写作。当然，她第一次独自一人出门，感到迷失是可以理解的，因为她年纪还小，且一直过着被庇护的生活。但她后来的反应本质上是一样的，这与她克服重重困难、正在职业生涯中取得成功的现实形成了奇怪的对比。

第二个令人吃惊的事实是，在所有这些关系中，周围的世界对她来说全都沉入水下了，只有她所爱的人最重要。她所思所想全都集中于他的来电来信或者来访；他不在身边的时光是空虚的，她只能用痴痴的等待来填满，伴随着对于他态度的揣摩；尤其是当他临时有事不能来，她会感到极度痛苦，她认为他这么做是彻底的忽视，或者是让她觉得羞耻的拒绝。在这些时候，其他的人际关系、她的工作以及其他的兴趣，对她来说几乎都失去了价值。

第三个要素是幻想一个伟大的主人派头的男人，她心甘情愿做他的奴隶，他回报给她想要的一切，从充裕的物质享受到丰富的精神激励，把她打造成一个著名的作家。

随着这些因素的含义逐渐被识别，想要依靠"伙伴"的强迫性需要显现出来，并从它的特征以及后果等方面得到了修通。它的主要特征是，完全被压抑的寄生态度，无意识里希望伙伴的喂养，期待他能填补她生活的内容、为她负责、解决她的所有困难、把她打造成伟大的人而不用她自己努力。这种倾向不但让其他人，也让她的伙伴本人远离她，因为当她隐秘的期望没有实现时，不可避免的失望会激起她内心深深的恼怒。大多数时候，这些恼怒都被压抑了，因为她害怕失去他，但是偶尔也会爆发。另一个后果是，所有的事情只有当与伙伴分享时，她才能够享受。这一倾向最常见的结果是，她的关系仅仅是为了让她更感安全、更消极，滋长了她的自我轻视。

这个倾向和之前那个倾向之间的联系是双重的。一方面，她的强迫性谦逊是她需要伙伴的原因之一。因为她没办法满足她自己的愿望，所以必须找到他人来满足。因为她没法保护她自己，所以必须找到他人来保护。因为她没办法看清自己的价值，所以她需要他人的肯定。另一方面，强迫性谦逊和对伙伴的过度期待形成尖锐的冲突。因为这个无意识冲突，每次因期待没有满足而感到失望的时候，她都不得不歪曲当时的情形。在那种情形下，她觉得自己是个受害者，遭到了无法忍受的严酷虐待，因此觉得自己很悲惨并满怀敌意。因为害怕被抛弃，大部分的敌意都必须被压抑，但是敌意的存在暗中破坏了关系，并把她的期待变成一种惩罚性质的需要。所产生的烦恼被证明与她的疲劳和创造性被抑制有很大的关系。

这一阶段分析工作的成果，是她克服了寄生式的无助，变得能够较多发挥自己的主动性了。疲劳感只是偶尔出现，不再那么频繁了。她能够开始写作，尽管还必须面对强烈的阻抗。她的人际关系更加友好，尽管还很不自然；虽然她自己仍然觉得胆小羞怯，但留给别人的印象已经有些高傲。一个梦表达了她总体的改变：在梦中，她和朋友在一个陌生的国度驱车行驶，她突然想到自己也可以申请驾照。实际上，她已经有驾照且驾驶技术和朋友一样好。这个梦象征着一丝领悟的曙光：她有自己的权力，没有必要觉得自己是一个无用的拖累。

第三个也是最后一个阶段的分析工作处理了她雄心万丈的拼搏精神受到压抑的问题。其实在她的生命中曾经有过一段时期痴迷于狂乱的雄心壮志。这一阶段从她初中后半段一直持续到大学二年级，后来似乎消失了。从理论上推理，它应该还秘密地活动着。线索来自这样的事实：在她害怕失败、对独立工作感到焦虑的同时，得到认可会让她兴高采烈、喜出望外。

这个倾向在结构上要比其他两个复杂。与其他两个相比较而言，这个倾向中包含着主动掌控生活、对抗反对力量的尝试。这一事实是一个持续存在的元素：她感到曾经有一股积极的力量支撑着她的雄心壮志，她反复希望能够找回这股力量。另一个维持她雄心壮志的元素是她要求重建自信。第三个元素是复仇心：成功意味着战胜了所有曾经羞辱过她的人，而失败意味着可耻地战败了。要理解她这种雄心壮志的特征，我们必须要回到她的历史中去发现经历的种种变化。

这一倾向中所包含的战斗精神，在生命相当早的时期就出现了。的确，要早于其他两种倾向的发展。在这一阶段的分析中，她浮现于脑海中的早年记忆充满了对立、叛逆、好斗的需

求以及各种各样的恶作剧。正如我们所知，在这种无忧无虑为
自己的地位而战的斗争中，她失败了，因为面临的困难太大
了。此后，历经一系列不愉快的体验，这种精神在她大约11岁
左右再次出现，表现为在学习上的万丈雄心。然而现在，它却
满载着被压抑的敌意：它吸收了不断堆积起来的怨毒，这些怨
毒来自她所遭受的不公平待遇以及被践踏的尊严。现在这种精
神获得了上面提到的两种成分：通过做"人上人"，她能够重
建已消沉的自信心；通过打败别人，她能够为自己所受的伤害
复仇。初中时的雄心壮志，尽管也有强迫性和破坏性的元素，
但比起它后来的发展，还是比较现实的，因为它要求通过努力
取得实实在在的好成绩来超过别人。在整个高中阶段，她仍然
成功地、无可非议地当着第一名。但是上大学后，在那里她面
临更大的竞争，突然完全放弃了所有雄心，而不是更加努
力——如果她还想当第一的话，在那种情况下必须更加努力。
她之所以不能振作精神更加努力，主要有三种原因。一个是因
为强迫性的谦逊使得她不得不对抗一直以来对自己智商的怀
疑；另一个是因为批判能力长期被压抑，她自由运用智慧的能
力实际上已经遭到损害；最后，由于超过别人的需要太有强迫
性，她不敢冒失败之险。

　　然而，放弃了外在的雄心并没有减少想要超越他人的冲

动。她必须要找到一个折中的解决方案，于是与学习上显而易见的雄心相对立，她的性格开始扭曲。基本上，她就是希望不做任何努力就能战胜别人。她试图通过三种途径来达成这一不可能的愿望，这三种途径都深藏于无意识中。一个是记住她生活中所有的幸运之处，认为这是战胜了别人。从意识中的战胜，比如远足时碰上好天气；到无意识的战胜，比如"敌人"生病了或者死了。反之亦然，坏运气她不认为是坏运气，而认为是被打败了，很丢脸。这种态度加重了她对生活的恐惧，因为所仰赖的因素超出了她的控制。第二个途径是把战胜别人的需要转换成对恋爱关系的需要：有一个丈夫或者爱人就是一种胜利，单身意味着可耻的战败。第三个无须努力就获得成功的途径，是要求她的丈夫或者爱人就像幻想中那个有驾驭能力的男人，把她变得伟大，而她什么事都不用做，可能的话，只要让她有机会沉浸在他成功的喜悦之中就可以了。这些态度给她的人际关系带来难以解决的冲突，极大地强化了她对"伙伴"的需求，因为伙伴要去接管她这些最重要的功能。

通过认识到这种倾向总体上给她的生活态度、工作态度、对他人的以及对自己的态度带来了什么样的影响，她最终修通了这种倾向导致的后果。这一检查过程最突出的成果是，她在工作上的抑制减少了。

接着，我们着手处理这种倾向和其他两种倾向的内在联系。一方面它们之间有不可调和的矛盾，另一方面又互相强化。这正说明了她是如何难逃神经症结构的纠缠。强迫性的低三下四和想要战胜他人的愿望之间存在矛盾，想要超过他人和寄生式的依赖之间存在矛盾，两方面必定互相撞车，要么引起焦虑，要么各自瘫痪。这种瘫痪作用成了她的疲劳以及在工作上抑制的一个最深刻原因。然而，这些倾向之间互相强化的方式也同样重要。要谦逊、要把自己放在低人一等的位置变得更加有必要，因为它同样也是一件外衣，用来掩饰自己战胜别人的强迫性需要。伙伴，就像前面提到过的，也越发变得具有生死攸关的必要性，因为他还必须用一种扭曲的方式满足她这种战胜别人的需要。此外，不得不活在她的情感和心智能力水平以下，以及不得不依赖伙伴，这带给她的羞辱感持续地激起新的怨恨，因而又维持并强化了获胜的需要。

分析工作就是一步一步打破这个恶性循环。事实上，她的强迫性谦逊已经一定程度上让位于自我肯定，这很有帮助，因为这一进步也自动减弱了获胜的需要；同样，这也部分解决了依赖的问题，让她变得更坚强，减轻了很多丢脸的感觉，使得战胜别人的需要不那么迫切了。因此，当最终面对怨恨这个问题时，这对她来说非常可怕，她能够凭借自己业已增强的内在力量去处理这个已经有所减弱的问题。一开始就处理这个问题是不太可行的。在第一阶段，我们还没能理解它：首先我们还不可能理解它；其次她也还不能承受。

最后一个阶段的成果是，总体上她的能量得到了释放。克莱尔以一个相当良好的基础重拾失去的雄心壮志。现在，这种雄心壮志的强迫性和破坏性都少一些了，它的重心从对成功感兴趣转变到对事情本身感兴趣。她的人际关系在第二阶段结束后已经得到了改善，现在更不像之前那样因为错误的羞耻感混合着防御性的傲慢而非常紧张。

虽然上文已经提及，对这个过程的描述会非常简化，但是我凭着经验认为，这个报告阐述了一个典型的分析过程，或者更审慎地说，是一个理想的分析过程。事实上，克莱尔的分析分成三部分只是个巧合；也可以是两部分或者五部分。而有代表性的是，每一部分的分析都经过三个阶段：识别出神经症倾向；发现它的起源、临床症状和造成的后果；发现它与人格的其他部分，尤其是与其他神经症倾向之间的内在联系。每修通一步，相应部分的结构就变得清晰一点，直至最后整个的结构清晰浮现。每一步也不总是按照既定的顺序；更确切地说，倾向本身被识别出来之前，一定要先部分地理解其临床症状。这一点在克莱尔的自我分析中将会说得很清楚，第八章会报告克莱尔的自我分析过程。克莱尔在认识到自己的依赖以及有一股强大的推力驱使自己进入一段依赖性关系这一事实之前，已经认识到了她病态的依赖具有许多重要的含义。

每一个步骤都有其特殊的治疗性价值。第一步，识别出神经症倾向意味着识别出人格失调中的驱动力，这种认识本身对治疗就有一定的价值。之前病人常感到无力，被无形的力量支配。哪怕是仅仅识别出了这些驱动力中的一种，也都不仅仅意味着获得了一般性内省，而且还意味着消除了部分令人迷茫的无助感。认识到某种失调的具体原因，也就提供了一条现实的途径，让人有机会去对它做些什么。这种改变可以用一个简单的例子来说明。农夫想种些果树，但是他种下去的树都病病恹恹的，尽管他尽力去照顾它们，也试了自己能想到的所有解决办法，但还是不行。一段时间后，他灰心了。但是他最后终于发现，这些树生了某种特殊的疾病，或者土壤中缺少某种必要的成分，那么他对整件事的看法立即就发生了变化，对待这件事的情绪也不一样了，尽管树本身还没有什么变化。唯一的不同仅在于外部环境中现在有了一种可能：可以做些有意义的事情了。

有时候，仅仅只是揭示出神经症倾向已经足以治愈神经症失调了。例如，有一个能干的总经理，因为员工的态度而深感烦恼，他们之前都很忠诚，但因为某种他无法控制的原因，他们的态度发生了转变。员工们不是和平地解决纷争，而是开始制造事端，提出一些不合理的要求。尽管在很多事情上他都足智多谋，但是对于这种情形他感到彻底的无能，以至于产生某种程度的憎恨和绝望，甚至都考虑过离职。在这个例子中，只要揭示出他对于人们忠诚的依赖有着深深的需要，就足以改变情形。

然而通常情况下，仅仅识别出神经症倾向并不能产生深刻的改变。首先，发现神经症倾向而产生的改变愿望是模棱两可的，因而缺乏动力；第二，改变的愿望即使是很清晰明确，也不足以成为改变的能力——这种能力到后面才会发展出来。

最初想要克服神经症倾向的愿望尽管常与激情相伴，之所以通常情况下不能成为可靠的力量，是因为神经症倾向同时也包含一种不愿放弃的主观价值。一旦有希望克服某种特定的强迫需要，想要维持这种需要的力量也就被调动起来。换句话说，发现首先让人获得自由，但很快就会让人面临冲突：既想改变又不想改变。这种冲突通常是无意识的，因为没有人愿意承认自己想坚持某种不合理且与自身利益敌对的东西。

无论出于什么原因使得不作改变的想法获胜，发现所带来的自由都将只是暂时的缓解，之后会是更深的沮丧。再回到农夫的那个例子，如果他知道或者相信那些必须的解决方法他做不到，那么他的改变精神不会持续太久。

幸运的是，这种消极反应不太常见，通常改变的意愿和不改变的意愿会达成妥协。病人会坚守改变的决心，而同时心存侥幸，想要尽可能少地付出努力。他可能希望，只要发现这种倾向的童年期根源，或者只要他下决心改变就足够了，或者他可能转而依靠幻想：只需要认识到这种倾向就能一夜间改变一切。

但是在第二步，随着他对神经症倾向含义的修通，他能够越来越深刻地认识到它造成的坏结果，以及它对生活的各个方面带来多大程度的妨碍。例如，假定他对绝对独立有神经症需求。认识到这种倾向以及了解了它的起源之后，他还要花很长时间理解为什么只有这种方法能带给他安全感，这种倾向在他的日常生活中是如何呈现的。他还要仔细看一看，这种需求是如何表现在他对周围物质世界的态度中的，看一看它如何变换形式：比如或许是讨厌自己视线受阻，或许是当他坐在一排人中间会感到焦虑。他要知道它是怎样影响他的着装态度的，腰带、鞋子、领带，或者任何可能会让他觉得束缚的敏感信号都是证据。他还要认识到这种倾向对工作的影响，可能会表现为不服从规定程序、不负责任、不按期望、不听建议、不守时、不服从上级等。他还要明白它对自己爱情生活的影响，观察到这些因素：没有能力接受任何与他人之间的联结；或者有一种倾向，认为对另一个人感兴趣意味着被束缚。这样评估一下，会让各种各样的因素具体化，这些因素会不同程度地触发强迫感，或者迫使他去防卫。仅仅认识到自己有强烈的独立愿望还远远不够，只有认识到它囊括一切的强迫性力量以及消极对抗的特征，才能唤起真正的改变动机。

因此第二步的治疗性价值，首先是增强了一个人克服干扰力量的意愿。他开始重视，认为改变是完全必要的。他克服了干扰，模棱两可的意愿变成清晰的决心，决定要认真严肃地开始处理这个问题了。

这样的决心中当然包含了强大且很有价值的力量，对改变的发生不可或缺。但即使是决心满满，如果不能贯彻执行，也没有用。随着临床表现一个接一个被看清楚，这种能力会慢慢增强。在一个人探索神经症倾向含义的过程中，他的幻想、恐惧、脆弱以及抑制会慢慢从防御状态中松动。结果是他的不安全感、孤独感、敌意都慢慢减少了，这样的结果又进一步改善了他与别人、与自己的关系，反过来也减少了神经症倾向的必要性，增强了他处理神经症倾向的能力。

这部分工作还有一个附带的价值：可以引发出动机，去发现那些阻碍了更深入改变发生的因素。迄今为止已调动起来的力量，已经帮助消解了特定倾向的部分能量，也因而带来了确定的进步。但是倾向本身及其含义几乎必然与其他可能是对立的驱动力紧密连接在一起。因此，只针对子结构——围绕着特定倾向发展出来的结构进行工作并不能完满解决问题。比如，通过分析特定的倾向，克莱尔部分地抛弃了强迫性谦逊，但其某些含义在当时仍无法触碰，因为那些含义与病态依赖交织在一起，只有与那个更深层次的问题连接在一起才能处理。

第三步，认识和理解不同神经症倾向之间内在的联系会帮助理解最深层次的冲突。它意味着理解一个人想去解决问题的各种尝试，以及这种种尝试如何只意味着越来越深的纠缠。在这部分工作完成之前，一个人可能已经对冲突的各部分有了深刻的洞察，但仍然隐秘地坚信它们是可以调和的。比如，他可能已经深深地认识到驱使他专横的力量的本质，也深深地认识到他对于别人赞赏自己超人智慧的需要的本质何在。但是他仍试图通过简单地偶尔承认专横动力，而一点儿也不想改变，就达成这些倾向之间的和解。他隐秘地期望，承认了专横的倾向会允许他继续专横，同时也能帮他对已显现的洞察获得数量上的认识。另一个人，他追求超然宁静，但同时也被仇恨的冲动驱使；他想象自己能够在一年的大多数时间保持内心宁静，同

时抽空给自己放个假，让自己沉溺在仇恨中。很显然，如果他
隐秘地坚持这样的解决途径，那任何根本的改变都不会发生。
第三步一旦修通，就可以理解这些解决办法其实只是权宜
之计。

　　这一步的治疗性价值还基于这样的事实：有机会打破各神
经症倾向之间既互相强化又互相对立的恶性循环。因此，这也
意味着我们终于理解了所谓的症状，即所有的病理性临床症
状，比如焦虑发作、恐惧、抑郁、显而易见的强迫。

　　经常听到一种说法，大意是心理治疗中真正重要的是看见
冲突。这种说法相当于认同说，真正重要的是神经症性脆弱、
僵化，或者神经症地追求优越。这其中重要的是看见整个结
构，不多也不少。有时候已存在的冲突可能在相当早期的分析
中就被识别出来了。但是这种识别没用，要等到冲突的各部
分完全被理解、冲突的强度有所减弱。只有这些工作完成了，
冲突本身才是可工作的。

　　让我们以这样的问题来结束这个讨论：这里以及之前各
章节中呈现的内容有什么应用价值？给出了明确详细的指导
以供分析吗？答案是，即使再多的知识也难以满足这样的期
待。一个原因是人与人之间的差异非常大，你可以采取任意
一种正规的方法。即使是我们假设，在我们文化中可辨识的

神经症倾向数量有限，比如说是15种，但是就这15种组合起来也几乎是无限多的可能。另一个原因是，在分析中我们看到的不是一个一个边界清晰互不干涉的倾向，而是纠缠在一起的总和，因此要分开这幅图像中的各部分就需要一些灵活的技巧。再一个复杂之处是，各种倾向导致的后果就其本身而言并不明显，而是被压抑的，这使得识别倾向相当困难。最后，分析既是两个人的共同探索，同时也代表着一种人际关系。把分析比作是两个共同参与的同事或者朋友一起进行的探索之旅，两个人都对观察理解和整合结论有着同样的兴趣，这是很片面的看法。在分析中，病人的独特性和困扰——更不要说分析师也有——是极其重要的。他对爱的需要、他的自尊、他的脆弱，在分析中与在其他情境中一样呈现、一样发挥作用。另外，分析本身不可避免会引发焦虑、敌对和对领悟的防御，因为领悟会威胁到他的安全体系以及他已发展起来的自尊。虽然理解了所有这些反应会很有用，但是这的确让分析过程更复杂、更难以一般化。

　　有一种论断认为：每一个分析一定都有自己解决问题的顺序，这种论断会吓到多思多虑的人，尤其是那些要保证自己总是在做正确的事的人。其实他们应该记住，也是为了让他们自己安心，这个顺序不是分析师的灵活操作人为创造的，而是自然发生的，因为本质上问题就是一个解决了之后才可以开始解决下一个。换句话说，当一个人想要分析自己时，他只要跟随材料出现的顺序，通常就是在按照上面描述的步骤在走。当然，有时会出现他触碰到的问题在当下还无解。在这种时候，有经验的分析师也许能够看到，这个特定的主题还没办法被病人理解，因此最好先放一放。比如，我们假设有一个病人当下呈现的材料里提示他害怕不被别人接受，但他仍然深深确信，比起别人他有绝对的优越感。分析师会知道现在还不到时机去处理病人的被拒恐惧，因为病人会认为像他这样优越的人绝对不可能会有这样的恐惧。很多时候，分析师也会回想起来在刚发现时那个问题其实是不可触碰的，以及为什么不可触碰。换句话说，分析师也只能在不断犯错、不断尝试中前行。

在自我分析中其实更可能是这样：分析者更少会受到诱惑去提前处理时机未到的因素，因为人会凭直觉逃避他还不能面对的问题。但是如果他真的注意到了这个问题，那么与这个问题纠缠了一段时间后他还是原地打转，并没有更接近答案，他就应该知道或许他还没准备好解决这个问题，或许暂时不管它会更好。那么他要对这种事态的转变保持信心、不气馁，因为其实很多时候，即使时机未成熟之时的处理，也会带来重大意义，会引导后续的工作。但是几乎不用强调的是，一个解决方案若不可用，可能有其他原因，不要太快得出还不够成熟的结论。

上述种种了解不仅有助于预防不必要的气馁，还有更积极的作用，它有助于一个人整合并理解自己的独特性，否则其独特性就会成为不连续的观察结果。例如，一个人可能认识到：他自己在求人方面有困难，小到开车旅行时不愿问路，大到不愿向医生咨询某种疾病；他隐瞒自己想要去分析的愿望，好像这是一种可耻的、卑劣的、偷懒的方法，因为他觉得应该全凭自己去解决问题。因此，如果有人向他表示同情或者提供建议，他会非常生气；如果他必须接受帮助，他会感到屈辱。如果他对神经症倾向有一些了解，就可能会想到，他所有的反应都来源于潜在的强迫性自给自足。自然，他没法保证他的这种推测是正确的。他泛化地厌倦与人交往的假设，也可以解释他的部分反应，尽管还不足以解释他在某些情况下自尊受损的感觉。所有的推测都应该是试探性的、暂时的，直到有足够的证据支持其有效性。即使有效，他也必须一遍又一遍查明：这个假设是真的能够解释所有，还是只是部分有效。显然，不能期待一个倾向会解释一切：必须记住，可能存在相反的倾向。唯一有理由期待的是：对存在的倾向做出推测，代表了他生活中的一种强迫性力量，这种力量要通过一种持续存在的反应模式来显示自己的存在。

一个人了解了这些知识，在他识别出自己的神经症倾向后，也会对他有积极的帮助。理解了发现各种临床症状及其后果所具有的重大治疗意义，会帮助他把注意力放在这上面，而不是盲目狂乱地寻找是什么样的原因让神经症倾向这样强有力，这些原因大部分都在后来才能被理解。这种理解非常有价值，尤其是在引导他思考方面，让他思考的方向朝向逐渐认识到自己在追逐这一倾向的过程中付出了什么样的代价。

在冲突方面，心理学知识的实践价值在于防止人们仅仅只是在各种不同的态度间来回切换。还是以克莱尔为例，在她分析自己的过程中花了大量时间在两种倾向中来回摆动，一种是全都怪他人，一种是全都怪自己。因此，她糊涂了，因为她想搞明白这两种矛盾倾向哪一种才是她真正有的，或者至少明白哪一种是占优的。实际上，两种都存在，是来自矛盾的神经症倾向。找自己的毛病和退缩不敢责怪他人的倾向，来自她的强迫性谦逊。责怪他人的倾向，来自她对优越感的需要，这种需要使得她对发现自己的任何缺点都难以承受。这时候，如果她能够想到这两种矛盾的倾向有相互冲突的来源，那么她在相当早的时期就领会了分析过程。

到目前为止，我们已经简短地概括了神经症的结构，也讨论了用于处理无意识力量大致的方法，来获得整个结构的清晰图像。我们还没有涉及发掘它们所要用到的具体方法。在接下来的两章中，我们将要讨论，为了最终理解病人的人格，病人和分析师必须要做哪些工作。

第四章　精神分析过程中病人要分担的工作

　　自我分析是尝试着同时既做病人又做分析师，因此有必要讨论一下参与双方在分析过程中都要完成什么任务。但要记住的是，这个过程不只是分析师的工作加上病人的工作，它还是一种人际关系。两人参与这一事实，对双方的工作都有极大的影响。

　　摆在病人面前的主要有三项任务：首先就是要尽可能全面坦诚地表达自己；第二是慢慢意识到自己的无意识驱动力，明白它给自己的生活带来的影响；第三是发展出能够改变态度的能力，正是这些态度破坏了他与自己及周围世界的关系。

　　全面地表达自己，这一点通过自由联想可以做到。弗洛伊德的天才发现让自由联想这个过去只用于心理实验的工具，现在可用于心理治疗。自由联想是指在病人这一方努力而毫无保留地表达所有浮现于脑海的内容，按照它们浮现的顺序，不管它们是多么琐碎或者看起来多么琐碎、多么离题、不合逻辑、荒谬、不得体、不漂亮、令人尴尬、羞耻。可能有必要多说一句，"所有"就是字面意义上的"所有"：不仅包括一闪而过和弥漫散乱的思绪，还包括具体的想法和记忆——上一次治疗结束后发生的事件，生命各个阶段的体验留下的记忆，关于自己及他人的想法，分析师或者分析情境在内心激起的反应，关于宗教、道德、政治、艺术的信仰、愿望以及对未来的计划，过去和现在的幻想，当然，还有梦。尤其重要的是病人要表达浮现出来的感受，比如沉溺的感觉、希望感、获胜的感觉、气馁、放松、怀疑、生气，这些和弥散的或者具体的想法一样重要。当然，出于这样或那样的原因，病人会不情愿去表达这些内容，但是他应该把自己的不情愿也表达出来，而不是让不情愿挡住某些想法和感受的表达。

自由联想和我们惯常的思考或谈话方式不一样的地方不只在于它要坦诚和毫无保留，还在于它看起来似乎漫无目的。讨论问题、商讨周末计划、向顾客解释商品的价值时，我们通常会紧紧围绕主题。我们脑海中流动着各种不同的思绪，我们倾向于挑选一些与当下情境有关的东西表达出来。即使是和最亲密的朋友谈话，我们也会有选择地挑选一些内容而忽略一些内容，尽管我们可能都没有意识到。但是自由联想，就是努力把脑海中出现的所有内容都表达出来，不管它会把你带到哪里去。

像其他的努力一样，自由联想可用作建设性目的，也可用于破坏性目的。如果病人清晰明确地决定要向分析师敞开自己，那么他的自由联想就会有意义、富含提示信息。如果他有强烈的意愿不面对某些无意识因素，那么他的自由联想就不会有太大收获。这些意愿可能会占据主导，以至于感觉很好的自由联想其实是废话连篇。其结果就是一堆毫无意义的想法，只不过是与自由联想的真实目的有虚假的类似之处而已。所以，自由联想的价值完全取决于有什么样的心理状态。如果心理状态高度坦诚，下决心要面对自己的问题，愿意向另一个人敞开自己的心扉，那么这个过程就能真正不忘初心，服务于其本真的目的。

基本上，自由联想的目的在于让分析师和病人都能够理解后者的心理运作方式，由此最终理解后者的人格。当然，有一些具体的问题也会通过自由联想变得清晰——焦虑发作、不期而至的疲倦、幻想或者梦都有什么意义；为什么有的时候病人的脑子会突然一片空白；为什么他心中会突然涌起一股对分析师的嫌恶之情；昨晚在餐厅他为什么恶心想吐；为什么和妻子在一起时他阳痿；为什么在讨论会上结结巴巴，等等。病人会试着观察，当他想到这些具体的问题时会发生什么。

例如一位女病人做了一个梦，其中一个元素是不幸的，似乎什么珍贵的东西被偷走了。我问她有没有什么事情与梦中这一特定的片段有关。她首先浮现的联想是关于一个女仆的记忆，那已经是两年前的事了：这个女仆偷了家里的东西，之前病人曾隐约怀疑过这个女仆，她还深深记得在真相水落石出之前，她曾经多么焦虑不安。第二个联想是关于童年时候害怕吉卜赛人偷小孩的记忆。接下来的联想是一个神秘故事，圣者皇冠上的珠宝被偷走了。接着她想起了一段她偶尔听到的话，大意是说分析师都是骗子。最后她想到，梦中有一些东西让她联想起分析师的办公室。

自由联想暗示这个梦毫无疑问与分析情境有关。关于"分析师都是骗子"的那段话暗示病人在担心费用，但后来证明这个推断是误导，她一直都认为费用很合理、很值得。那么这个梦是对先前一次分析的反应？她不太相信，因为上一次她离开我的办公室的时候感到深深的解脱且充满感激。前一次分析的主旨是，她认识到自己周期性的无精打采和惰性其实是某种破坏性的抑郁；从这个角度来看，这些周期若没有出现，那是因为她没有感受到自己意志消沉；实际上她的痛苦更深，她比她能接受的自己更脆弱；她经常压抑受伤的感觉，因为她强迫性地想要扮演一个理想化的坚强的形象，展示自己能够应对一切。她的解脱感类似于一个人一生中一直生活在自己实际能力之上，为此付出了巨大的代价，现在终于明白这样的虚张声势其实没有必要。然而这种解脱感持续不了多久。至少，现在她突然感到深受打击，因为那次治疗之后她变得易怒，出现了轻微的胃肠不适以及睡眠困难。

我不在这里报告自由联想的细节。后来证明神秘故事的联想提供的最重要线索是：我偷走了她皇冠上的珠宝。的确，追求给自己和他人留下一个强有力的印象是一种负担，但同时也有一些重要的功能：让她感到自豪，当她的自信心动摇的时候，她会极度需要自豪感；这也是她最强有力的防御，防止她认识到自己的脆弱以及导致脆弱的非理性倾向。因此她对她所扮演的形象视若珍宝，我们发现的事实：这种形象只不过是一个角色，对她来说太有威胁性，她对此的反应是非常愤怒。

如果做天文计算或者想要获得对政局的清晰认识，自由联想绝对不合适，因为这些工作要求有敏锐而简洁的推理能力。但是要理解无意识感受以及挣扎的存在性、重要性及意义，据我们目前已知的来看，自由联想非常合适，也是唯一合适的方法。

就自由联想对自我认识的价值，这里再多说一点：它不是变魔术。如果期待只要理性束缚一解除，我们所害怕的东西或者自我鄙视的东西就都会被揭示出来，那就大错特错了。我们可以相当确定地说，通过自由联想浮现的一切都是我们能够承受的。只有被压抑的感受或者驱动力的衍生物会浮现出来，而且就像在梦中一样，它们会以歪曲的形式或者象征性的表达浮现。因此，在上述提及的自由联想链中，圣者是病人无意识愿望的一种表达。当然，有时一些意外的因素也会以一种戏剧化的形式出现，但这种情况的发生一定是之前对同一主题工作了相当长的时间之后，才使得它们接近了无意识的表面。被压抑的感受有可能以似乎是久远的记忆这种形式出现，上述自由联想链中也显示了这一点。病人因为我刺伤了她膨胀的自我概念而生气，但她的生气本身并没有出现，而是间接地告诉我说，我像一个卑劣的骗子，违反神圣禁忌盗取了别人珍贵的东西。

自由联想不会创造奇迹，但如果按照正确的宗旨进行，它的确会显示出大脑的运作方式，就像 X 射线显示出肺脏或者肠子有哪些不为人知的运动一样。自由联想使用了多少有点含糊神秘的语言。

要自由地联想，这对每一个人来说都不容易。不仅仅因为它与我们的交流习惯和传统习俗不一致，更大的困难还来自病人千差万别、各不相同。这些困难可被归为几大类，尽管他们之间可能会有重叠的部分。

首先，有这样一些病人，整个联想的过程会唤起他们内心的恐惧或者抑制，因为如果允许自由地表述所有的情感和想法，他们就会侵犯禁忌之地。具体会触发什么样的恐惧，这最终取决于病人存在什么样的神经症倾向。一些例子可以说明这点。

一个忧虑不安的人，从很小的时候起就整日担心，害怕生活中会发生不期而至的危险，他会无意识地回避风险。他坚守一个虚构的信念：只要他尽力深谋远虑，就能控制生活。因此，在不能提前看到效果的前提下，他是不会采取任何行动的：他的最高原则，是决不让自己措手不及。对于这样一个人，自由联想意味着极度冒险，因为这个过程真正的意义在于允许一切自由地浮现，而不提前预知会发生什么、它会把你带到哪里去。

一个与他人高度隔离的人，其面临的困难又不同，这样的人只有戴着面具才感到安全，他会自动避开任何可能入侵到他们私人生活领域的人或事。这样的人生活在象牙塔中，任何想要打破隔离靠近他的行为，都会被他视作威胁。对他来说，自由联想意味着一种难以承受的侵犯，威胁到他的独立隔绝。

　　还有的人缺乏道德自主性，不敢形成自己的判断。他不习惯于按照自己的直觉去思考、去感受、去行动，而是就像昆虫伸出触角去感知周围环境，他会自动地检索环境对他有什么样的期待。获得别人的赞赏，他的想法就是对的、好的；别人反对，他的想法就是错的、坏的。他同样也对自由表达浮现在脑海中的所有内容感到害怕，但是害怕的方式和别人很不一样：只知道怎样应答，而不知道怎样自发地表达自己，他感到不知所措。分析师想让他做什么？他是不是要不停地说下去？分析师对他的梦感兴趣吗？还是对他的性生活感兴趣？会不会期待他爱上分析师？分析师赞成什么或者反对什么？对这样的人来说，自由自发地表达自己会唤起所有令他不安的不确定性，还预示着有可能冒被人反对的风险。

　　最后，一个深陷于自我冲突中不能自拔的人会变得迟钝，没能力感觉到自己是一个有动力的人。只有当外界主动发起时，他才能努力跟随。他很愿意回答问题，但是如果让他独自探索自己，他就会感到茫然而不知所措。因此，他无法自由联想，是因为自发活动的能力被抑制了。如果对他来说，所有事情都成功是必不可少的动力，那么无法进行自由联想可能会激起他某种恐慌的感觉，因为他很可能会把这种抑制看作一种"失败"。

这些例子说明了对一些人而言自由联想的过程是如何引发恐惧和抑制的。但即使是那些大体上能够进行自由联想的人，内心也有一些地方，不管是这里还是那里，一旦触碰也会产生焦虑。就比如克莱尔，她基本上能够自由联想，但是在分析的最开始，只要接近她被压抑的对生活的需求，就会引发焦虑。

另一类困难在于毫无保留地表达所有的感受和想法，这必定会暴露令人羞耻的性格缺点，报告起来会让人很难为情。就像神经症倾向那一章里提到过的，被视为耻辱的性格缺点多种多样。一个人一直对自己的玩世不恭、追求物质享受引以为傲，如果流露出理想主义倾向，就会感到困惑和羞耻。一个人为自己和善的外表深感自豪，如果稍显自私和不顾他人感受，就会觉得羞愧。还有，任何时候，一旦借口被揭穿，也会有这种羞耻的感觉。

病人难以表达想法和感受，这大多数时候都与分析师有关。因此，这个没办法进行自由联想的人——无论是因为自由联想会威胁到他的防御，或者是因为他的主动性丢失太多——很有可能把他自己对这个过程的厌恶，或者他对失败的懊恼转移到分析师身上，他的反应中会带有无意识的挑衅式的阻抗。他自己的发展、他的幸福还处于危险之中，对于这一点他倒几乎全忘记了。即使是这个过程没有引起对分析师的敌意，也会有更深远的事实真相：对于分析师态度的担心总是会有某种程度的呈现。他会理解吗？他是不是会指责我？他会不会瞧不起我、反对我？他真的关心我能否得到最好的发展吗？或者他只是想把我塑造成他想要的模式？如果我对他做出个人评判，他会不会觉得受伤？如果我不接受他的建议，他会不会失去耐心？

正是各种各样的担心和阻碍，让毫无保留地敞开心扉成了一件极端困难的任务，结果不可避免地出现了许多逃避策略。病人可能故意遗漏某些事件。在分析时段里，某些因素从来不会出现在他的脑海中。他从来不表达感觉，因为它来去如风、难以捕捉。某些细节也会被他忽略掉，因为他觉得太琐碎。"算计"会取代思绪的自由流淌。他会像记流水账似的一直讲述日常生活事件。似乎他会没完没了，有意识或无意识地逃避自由联想。

因此，把脑海中冒出来的任何内容都讲出来，尽管看似简单，但其实在实践中非常难，以至于只能近似地完成。碰到的障碍越大，自由联想就会变得越没有成效。但是，一个人越是能够接近自由的联想，对他自己以及对分析师来说，他是个什么样的人也就越清晰。

病人在分析中要面对的第二项任务，是直面他的问题——

通过觉察那些迄今为止仍然位于无意识中的因素来就自己的问题获得洞察。这不仅仅是一个理智上的过程，而是就像"觉察"这个词所提示的；也是自费伦齐和兰克以来的分析文献不断强调的，既是理智上也是情感上的体验。如果用一个俗语来表达的话，就意味着获得的那些关于我们自己的信息，被我们的"五脏六腑"感觉到了。

洞察或许是觉察到一个完全被压抑的因素，比如强迫性谦逊，或者待人亲切的人发现他实际上对别人有一种弥漫性的贬低；也可能是觉察到意识水平的某个驱动力其实有着做梦也想不到的广度、强度和品质：例如，一个人可能知道自己是有野心的，但之前可能从来都没有想到他的野心是一种毁灭一切的强烈的情感，这决定了他的生活，并包含着想要报复性地超越他人的这种破坏性元素。或者，这种洞察是发现某些看似互不相干的因素其实是紧密联系在一起的。一个人可能知道，他对自己的重要性以及人生的成就有一种夸大的期待；也知道他人生观灰暗，总是预感到自己转眼之间就会遭遇即将发生的灾难，但是他可能从未想过这两种态度其实代表了同一个问题，或者它们之间是有联系的。在这种情况下，他的洞察可能会向他揭示出，他想要因自己具有独特价值而受到崇拜的诉求是如此僵化，以至于如果没有满足，他就会感到极其愤慨，因而贬低生活本身：就像一位积习难改的贵族，面临着不得不屈尊降贵迁就较低生活标准的境况，他宁愿不再活着，也不愿接受这种他觉得配不上自身期望的待遇。那么他专注于即将发生的灾难，可能实际上代表着他隐秘的想要去死的愿望，也部分地代表了一种对生活心怀恶意的姿态，因为生活没有满足他的期待。

很难概括地说对自己的问题获得洞察对一个人来说意味着什么，就像很难说让一个人暴露在阳光下对他来说意味着什么。阳光可能杀死他，也可能拯救他；可以让他疲惫不堪，也可以让他精神振作、重获新生。影响结果取决于阳光的强度也取决于他自身的条件。同样地，洞察可能非常痛苦，也可能让一个人立刻感到轻松释然。这里，我们在讨论分析中各种步骤的治疗价值方面基本上同上文所述，然而在这个稍有差别的语境中重新概括这些要点也无伤大雅。

有几个方面的原因可以解释洞察为什么会让人轻松释然。先从最微不足道的一点说起：仅仅明白了造成某些现象的迄今为止一直都不明白的原因，常常就已经是一种令人满意的智力上的体验了；生活的所有情形中，仅仅发现真相就很有可能是一种释然。这一点不仅仅适用于阐明当下的特征，也适用于回忆起一些迄今为止一直被遗忘的童年经历，如果这些回忆正好能帮助一个人理解在他生命之初是什么因素影响了他的发展。

实际上更重要的是，洞察会展露给一个人看他之前的态度有多么扭曲变形，以这样的方式把他自己真正的感受揭示给他。当他能够自由地表达生气、恼怒、轻蔑、害怕，或者任何一种迄今为止一直被压抑的感受时，一种积极的鲜活的感觉就替代了之前令人麻木的抑制感，也就迈出了发现自己的第一步。在这样的发现之旅中，他常常会不经意间笑起来，这些笑声展现出自由的感觉，哪怕发现本身远远谈不上愉快。比如，一个人发现终其一生，他的生活仅仅也就是"过得去"，或者发现他一直都试图伤害或者主宰他人。除了能不断增加自由感、活力、积极性之外，洞察还能除去因之前必须要核对自己真实的感受而带来的紧张感：通过将原先压抑所需的力量增加进来，洞察可能会增加可用能量的总量。

最后，与能量的解放紧密相关，压抑的移除让人的行为方式更加自由。一旦某种斗争或者感觉被压抑，一个人就陷入了死胡同。只要他还不能完全觉察自己对他人的敌意，比如仅仅只是知道和他人在一起时感到很尴尬，那他就对他的敌意无能为力，就不可能理解敌意的原因，不可能发现什么时候自己的敌意是事出有因、合乎情理的，也不可能减少或者消除它。但是如果压抑被移除，他感觉到敌意本身，那么到了这个时候，他才能好好地看一看它，并继续寻找他自己身上脆弱的、制造出敌意的部分，而在这之前他对于这些部分就像对于敌意一样一无所知。通过这种为最终改变的某些干扰因素打开通途的过程，洞察有可能带来相当程度的解脱，即使是很难立即发生改变，但总归是拥有了未来能够脱困的远景。就算最初的反应可能是受伤或者害怕，这也同样适用。克莱尔洞察到了她具有过度的愿望和需求这一事实，这一开始激起了她的恐慌，因为这个洞察动摇了她的强迫性谦逊，而强迫性谦逊是她安全感的一根支柱。但是急性焦虑一旦平复，洞察就会带给她解脱感，因为这代表着有可能会解开让她缚手缚脚的镣铐。

　　但是对洞察的第一反应可能是痛苦而不是解脱。就像前面一章中讨论过的，对洞察有两种主要类型的负性反应：一是只感到它是一个威胁，二是对之感到气馁和绝望。尽管看起来不同，但这两种反应从本质上来看只有程度上的差别。它们都被这样的事实决定着：一个人没有，或者说还没有能力，也没有愿望放弃对生活的某些基本诉求。当然，这两种反应哪一个占优取决于他的神经症倾向。

　　这些诉求如此僵化且难以放弃，是因为这些倾向的强迫性本质。例如，一个人权迷心窍，可以没有舒适、愉悦、女人、朋友，没有其他一切通常会让生活惬意的事物，但却不能没有权力。只要他还不打算放弃这一诉求，那么对其价值的任何怀疑都只会激惹或者吓坏他。不只是洞察，洞察驳斥了他的特殊追求的可行性，会引起这种受到惊吓的反应；同样地，洞察还向他揭示，正是这种追求阻挡了他去实现其他对他来说也很重要的目标，或者阻碍了他去克服痛苦的不利条件和苦难，这也会吓坏他。再举一例，一个人深受孤独之苦，也苦于与人交往时的尴尬，但从根本上仍然不愿意离开他的象牙塔。如果洞察让他明白，他不可能在不抛弃一个目标——象牙塔的情况下获得另一个目标——的情况下不再孤独，那么他对洞察的反应一定是焦虑。一个人如果从根本上拒绝抛弃这样一种强迫性信念：他能够纯粹通过他的意志力掌控生活，那么任何揭示了这一信念的虚幻本质的洞察都一定会引发焦虑，因为这让他感到自己脚下站着的大地一下子被抽走了。

这种洞察引发的焦虑是一个人对未来远景散发的一丝曙光的正常反应：他最终一定要改变自己某些基础性的因素，如果他想更自由的话。但是要改变的因素还根深蒂固，对他来说还非常重要，是他与自己和别人打交道的方式。因此他害怕改变。洞察不只带来解脱，也带来恐慌。

如果他深深地感到这样的改变，尽管对他获取自由来说是不可或缺的，但毫无发生的可能，那么他的反应可能是极度的绝望，而不是被吓住。在意识中，这种感觉往往掩藏在对分析师满满的愤怒之下。他感到分析师正在不得要领地、残忍地把他带领到这些洞察面前，然而此时他却什么也做不了。这种反应是可以理解的，毕竟没有人愿意忍受痛苦和艰辛，如果不是为了某种我们坚信的目标的话。

在这个问题上，对洞察有负性反应也不一定就是最后的定论。实际上，负性反应持续的时间相当短，很快就过渡到了解脱。在这里我就不详述有哪些因素决定一个人对特定洞察的态度能否通过精神分析得以改变了。说改变是有可能的，就已经足够了。

然而，像这样把对自身的发现引起的反应划分成能够带来解脱、恐惧还是绝望，是不可能充分理解这些反应的。不管激起了什么样的即时反应，洞察总是意味着对已有平衡的挑战。一个被强迫性需要驱使的人，功能一定不好。他为了追求某种目标付出的巨大代价，是真实愿望的丧失。他在许多方面都被抑制了。他大面积弥漫性地感到脆弱。他必须与被压抑的恐惧和敌意搏斗，这耗费了他的精力。他和自己以及他人都疏离了。但是尽管他的心灵机器中有这些缺点，其内部运作的力量仍然形成了有组织的结构，在这个结构中各因素之间是相互关联的。因此，牵一发而动全身。严格地说，没有孤立的洞察这回事。自然，经常会出现一个人会停滞在这一点或那一点上。他可能对已获得的成果满意，他可能感到气馁，他可能不愿走得更远。但是原则上，每一个已获得的洞察，不管它本身多么微小，都会揭露新的问题，因为它与其他心理因素有内在的联系，因此会引发连锁反应，整个平衡就被动摇了。神经症系统越僵化，就越难忍受改变的发生。洞察越是接近基础的东西，越会引发焦虑。我会在后面详述，"阻抗"源自要维持现状的需要。

　　等在病人面前的第三个任务，是要从他自身内部去改变这些干扰他最佳发展的因素。这不仅仅意味着只是在行为或者行动上整体发生改变，比如获得或者重拾某些能力、可以去做公开表演、可以创造性地工作、可以与人合作以及性方面的能力，或者不再受恐怖症的折磨、放弃了抑郁的倾向等。分析成功的话，这些改变会自然而然发生。但是它们不是最主要的改变，他们只是那些不太看得见的人格内部的改变所带来的结果，比如对自己有了更现实的态度，而不再摇摆于自我膨胀和自我贬低这两极之间；或者获得了活力、肯定以及勇气，而不再怠惰和恐惧；变得能够制定计划而不是随波逐流；找到自身内部的重心，而不再用过分的期待及控诉紧紧地抓住别人；能够更亲切待人、理解别人，而不再怀抱着一种弥漫的防御性敌意。如果这些改变发生了，外显活动或者症状的改变是水到渠成的，程度上也会相匹配。

人格内部发生许多变化并不构成另一个专门的问题，而是一个洞察本身就可能构成改变，只要这个洞察是真实的情感体验。可能有人会说，就算是获得了洞察，但什么也没改变呀。比如，洞察到一个迄今为止一直被压抑的敌意：敌意仍然在那里，区别只在于以前不知道，而现在知道了。从机械的角度来说是这样的。实际上，如果一个人之前只知道他尴尬、疲倦，或者很容易被激怒，现在发现了实实在在的敌意，明白了自己是由于敌意被压抑才产生了这么多的紊乱，那么这会带来巨大的不同。就像前面讨论过的，在觉察的那一刻，他可能感觉到自己像是换了一个人。除非他设法立即清除这一觉察，否则一定会给他的人际关系带来巨大影响：他会唤起一个人对自己好奇的感觉，刺激他去研究敌意究竟是怎么回事，消除他面对未知事物时的无助感，并且让他感到更鲜活。

还有一些改变是作为洞察的间接结果自动发生的。一旦焦虑源减少，病人的强迫性需要也就减少了。一旦被压抑的羞耻感被看见、被理解，人会自动变得更亲切友好，即便是亲切友好的必要性问题还没有被触及。如果对失败的恐惧被觉察而且减少了，一个人自然会变得更积极、更愿意冒险，而此前他一直下意识地回避冒险。

到目前为止，我们看到洞察和改变似乎是同时发生的，没有必要把这两个过程分开来。但是在分析中——在生活中也一样——有这样一些情况：尽管有了洞察，一个人可能还是会拼命抵抗改变。这种情况已经部分讨论过了。概括起来就是，当一个病人认识到如果他想要释放他的活力以得到更适切的发展，他必须放弃或者修改他对生活的一些强迫性诉求时，一场艰苦的战役就打响了；在这场战役中，他会拼尽最后一点力气去证明，改变没有必要也不可能发生。

另一种洞察和变化可能会截然分开的情形，可能会出现在当分析师带领着一个人去直面冲突，而冲突要求他必须做出选择的时候。不是所有精神分析中发现的冲突都具有这种特征。比如，若发现存在控制他人还是顺从他人这两种矛盾的驱动力，那么两种倾向之间就没有选择的问题。这两者都要被分析，而且当他找到了与自己及他人更好的相处方式时，这两者都会消失或者有相当大的改观。然而，如果一个人一直以来都没有发现的无意识冲突存在于物质利己主义和理想主义之间，那就是另一回事。这种问题在很多方面都会让一个人身陷重围：可以意识到的是愤世嫉俗的态度，而理想却被压抑了；甚至有时候理想突围而出，也会被有意识地驳回；或者物质优越

（金钱、名誉）的愿望可能被压抑了，而存在于意识当中的是僵硬坚持的理想；或者一直在十字路口徘徊，一会儿愤世嫉俗地对待理想，一会儿严肃认真地对待理想。但是当这样的冲突浮出水面后，仅仅只是看见并理解其分歧是不够的。彻底澄清涉及的所有问题之后，病人最终还必须要选择一种立场。他必须要决定，是否以及多大程度上愿意严肃地对待理想，又有多少空间分配给物质利益。那么在这个当下，要不要迈开从洞察到改变的第一步，病人可能就会犹豫不决。

然而的确，病人面临的这三个任务其内在是紧密相连的。能够完全地表达自己来为洞察铺路，洞察带来改变，或者为改变做好准备。每一步都影响其他两步。越是退缩、不愿意获得某种洞察，自由联想就越是受阻。越是抵制某种改变，就越是会反驳相应的洞察。然而，改变才是目标。自我认知具有如此高的价值，不只是因为洞察，而是因为洞察是一种手段，可用于修改、调整、控制感受、追求以及态度。

病人对改变的态度往往分几步走。首先，病人常常带着对魔法般被治愈的不合理期待，开始进入治疗；也就是说，病人常常希望他的紊乱能够消失，而不需要做任何改变，或者甚至不需要积极地对自己进行分析。因此，他会赋予分析师魔法般的能力，容易盲目崇拜他。接着，他发现这一期望不可能得到满足，那么他会倾向于撤回之前所有的"信任和信心"。他会争辩说，如果分析师是一个像他自己一样的普通人，那么能帮到他什么呢？更重要的是，他自己的无助感、无法主动做任何事情的感觉开始浮现。只有当他自己的能量被解放出来，用于积极自发的分析之后，他才能最终把他的发展看作自己的事，而把分析师仅仅看作施以援手的人。

正在做分析的人面临的这些任务充满了困难也饱含着价值。彻底坦诚地表达自己很难，但同时也是一种福气。获得洞察、获得改变也是一样。因此，求助于分析，把分析视为一种对于自己发展的可能帮助，这绝不是一条轻松的路。它要求病人这一方有非常大的决心，要能够自律、积极努力。在这一点上，它和生命中其他能够帮助人成长的情形没有多少差别。我们通过克服前进道路上的障碍而变得强大。

第五章　精神分析过程中分析师分担的工作

　　分析师通常要做的工作是帮助病人认识他自己，并帮助病人重新定位他的生活，当然是在病人自己觉得有必要的情况下。为了让大家对分析师在追求这个目标的过程中都做了些什么有更具体的印象，有必要把分析师的工作进行分类，以便逐一单独讨论。简单来说，他的工作可被分解为这五个部分：观察、理解、解释、遇到阻抗时提供帮助，以及一般意义上作为普通个人的帮助。

　　在某种程度上，分析师的观察与任何一个善于观察之人的观察并没有什么区别；在某种程度上这些观察有一些共同的特点。像其他人一样，分析师会观察病人行为的总体特征，比如冷漠、温暖、僵硬、自发性、反叛性、顺从、多疑、自信、果断、怯懦、残忍、敏感等。仅仅在听病人讲述的过程中，并不用刻意地做些什么，分析师就会获得很多总体印象：病人是放松随意的还是紧张拘束的；他讲话的方式是有条理、有控制的还是跳跃的、散乱的；他的陈述是抽象概括的还是具体详细的；他是间接婉转的还是直奔主题的；他会自发性地谈起话题还是把主动权交给分析师；他是有所保留的还是想到什么、感受到什么就说什么。

　　接下来是更仔细的观察。首先，从病人告诉分析师自己过去和现在的经历中，分析师了解到他与他自己及其他人的关系如何、他有什么样的计划和愿望、他害怕什么、他都想些什么。其次，观察病人在分析师办公室中的行为举止，每个病人关于费用、时间的感受，是否躺在躺椅上等细节，以及分析的其他客观方面等，都会有不同的反馈。对于将要被分析这件事，每一个病人的反应也都不一样。有的病人视分析为一种有趣的智力过程，但拒绝接受他自己真的需要分析这样的想法；有的病人当它是一种令人羞耻的秘密；也有人认为分析是一种值得骄傲的特权。此外，病人对分析师本人的态度真是变化多端、无穷无尽，在其他人际关系中可能出现什么样的态度，在分析中就会有什么样个性化的影子。最后，病人会在他们的反应中展现出无数微妙而又显而易见的犹疑，这些犹疑本身就是有意义的。这两种信息来源——病人在交流中谈到的自己和对病人实际行为的观察——互相补充，就像在其他任何一种关系当中的互补情况一样。即便我们了解到某个人的大量信息，他的历史、他现在与朋友和女性打交道的方式、他对待事业及政治的态度，但是如果我们能够亲自见见他、能观察他的行为，那么我们关于他的画面会清晰完整得多。两个信息源缺一不可，同等重要。

像普通人的观察一样，分析师的观察或多或少也会受到自己兴趣的影响。女店员所留心的顾客身上的特征，与社会工作者所留心的前来寻求帮助的来访者的特征不一样。雇主在面试雇员的时候，会集中在雇员有没有主动性、适应能力如何、是否可靠等问题上；而牧师在与教区居民谈话时，会更在意道德行为和宗教信仰等问题。分析师的兴趣不仅仅局限于病人的某个方面，甚至不全在病人有问题的方面，而必须要"拥抱"整个人。因为他想要理解整个的人格结构，他不想随随便便就认定什么更有意义，他的注意力要放在尽可能多的因素上。

特定的分析性观察源自分析师想要发现并理解病人的无意识动机这一目的。这是分析性观察和普通观察之间最本质的区别。在普通观察当中，我们也会感到某种暗流的存在，但是这种印象多多少少停留在假设中，不会被系统地阐述。同样，我们通常也不会费心去区分这些暗流是由我们自己的心理因素决定的，还是由被观察的人决定的。然而，特定的分析式观察对分析的过程不可或缺。它们是对病人在自由联想中揭示出的无意识力量进行系统性研究的一部分。分析师专心地聆听这些内容，尽量不去过早地筛选任何元素，而是均匀地对每一处细节都表示兴趣。

有时，分析师的观察会立即串在一起。就像一个人从迷雾茫茫的地平线上辨认出了一所房子或者一棵树的轮廓，分析师毫无困难地很快就发现了这样或者那样的总体人格特征。但是大多数时候，他的观察只是一个由表面上毫无关联的内容组成的迷宫。那么，他怎样才能形成理解呢？

在某些方面，分析师的工作可类比于推理小说中的侦探。但是要强调的一点是，侦探的目的是找出罪犯，而分析师并不是要找出病人身上坏的部分，而是要把病人作为一个整体来理解，既有好的地方也有坏的地方。同样地，分析师不是在和几个人打交道，而是和一个人多种多样的内驱力打交道；不是怀疑每一种内驱力都是坏的，而是怀疑是不是它造成了病人的困扰。通过专注而充满智慧地观察每一个细节，分析师收集线索，看看这里或者那里会不会有某种联系，形成一个假设性的描述；他不会轻易相信自己的结论，而是要反复检验，看它是否真的能够容纳所有因素。在推理小说中，一定有一些人和侦

探携手并肩共同战斗；也有一些人表面上似乎这样做，其实在
秘密地破坏侦探的工作；还有一些人非常明显地就是要藏起
来，而且一旦感到危险就会发起攻击。同样地，在分析中，病
人的一部分和分析师合作——这是必要的条件——另一部分期
望分析师做所有的工作，还有一部分用尽所有力气躲藏、误导
分析工作，一旦感觉到有被发现的危险，就变得非常恐慌、充
满敌意。

就像前面章节所描述的那样，分析师主要是根据病人的自
由联想得出对无意识动机和反应的理解。病人通常不知道自己
所呈现的内容有什么样的含义。因此，为了能够从大量的差异
元素中得出一致的图像，分析师必须不仅倾听表面的内容，还
要尽量去理解病人真正想要表达的内容。他要努力从表面上散
乱而无组织的众多材料中抓住那根"红色的线"。如果有太多
的未知变量进来，那他的努力可能会失败。有时候，语境自己
就会说话。下面所选的例子很简明清晰地说明了这种情况。

一个病人告诉我，他前一晚非常糟糕，现在感到前所未有
的沮丧。他的秘书得了流感，这不但妨碍了他的工作计划，还
让他心情不好，因为他担心自己会被传染上流感。接着他又谈
到，欧洲小国受到多么不公平的对待。然后他想到了一位内科
医生：这位医生不能清晰地告诉他某种药丸的成分信息，让他

很光火。后来想起来的是一位裁缝没有按照约定把大衣交付给他。

这里的主线是他对意料之外的事情很生气。所有的抱怨都显示出自我中心的本质，他枚举秘书生病和裁缝未按约定交付大衣时，好像这两个人故意冒犯了他。秘书的流感重新唤起了他对传染的恐惧，没能让他去思考他自己应该克服恐惧这一主题。相反，他期待整个世界都应该妥善安排，而不要引起他的恐惧。世界要满足他的要求。接着出现了公平的问题：别人不把他的期待放在心上是不公平的。因为他怕被传染，所以身边的人都不应该生病。这样一来，其他人变得要为他的困难负责任。面对传染，他无力反抗，就像欧洲小国无力反抗入侵（实际上他是在自己的期待中无力反抗）。关于医生的联想在这样的语境中也有特殊的意义，同样也暗含着未被满足的期待，另外还包含着对我的不满，因为我没有给他的问题提供清晰的解决方案，而是四处探索，还希望他能够积极合作。

另一个例子也很简单明了。一位年轻姑娘告诉我，她在逛街时有一阵子心跳过速的毛病发作。她的心脏不是很强壮，但是她不明白为什么逛街会导致心跳过速，因为她可以连续跳舞好几个小时都没事。同样，她也看不出来她的心跳过速有什么心理上的原因。她给姐姐买了一件质地精良且非常漂亮的宽松上衣作为生日礼物，她很高兴自己这样做。她很高兴地猜想，姐姐一定会喜欢并夸赞这件礼物。实际上，她花光了兜里所有的钱买了这件礼物。她之所以缺钱是因为她清光了所有债务，或者至少可以说她做了安排，会在几个月内陆续还清所有债务。说到这些的时候，她带着明显的自我欣赏。这件上衣太漂亮了，她都想给自己买一件。接下来，很明显地，她偏离了这个主题，一系列对姐姐的抱怨出现了。她痛苦地抱怨姐姐如何干涉她、毫无理由地指责她。抱怨中夹杂着贬损，显得姐姐似乎远不如自己。

　　就是一眼看去，也能发现这一系列不期而至的情绪暗示着病人对姐姐的矛盾情感：有想要赢得她的爱的愿望，又有恨意。逛街的过程中，这种冲突加剧了。爱的一面主张要为姐姐花钱买礼物；恨的一面不得不暂时被压制，因而吵闹不休地主张自己的权利。结果就是心跳过速发作。这种矛盾情感的冲突不一定引起焦虑。通常是不相容情感中的一种被压抑，或者两者达成了某种妥协。在病人这里，就像是自由联想所显示的，两方面的情感都没有完全被压抑，反而是爱与恨都在意识层面，分坐在跷跷板的两端。意识中，一种情感占了上风，另一种就暂居下风。

　　更进一步地审视，自由联想揭示出了更多的细节。第一阶段中已高调出现的自我欣赏主题，在第二阶段暗中再次出现。对姐姐的贬损不只表达了弥散性的敌意，还让病人自己的光芒盖过姐姐。想把自己置于姐姐之上的倾向，在整个自由联想中都很明显：她一直在不断地，虽然有时不那么明显，拿她自己的慷慨和充满牺牲精神的爱，来和姐姐的坏行为作对比。自我欣赏和与姐姐的竞争连接得如此紧密，这说明可能在她发展和维持自我欣赏的过程中，想要超过姐姐的愿望是一个非常重要的因素。这个假设还包含了逛街时发生冲突的另一个落脚点。可以说，想要买一件昂贵衣服的冲动不仅仅代表着一种解决冲突的英雄主义决心，还代表着一种想要建立她自己对姐姐的支配权的愿望：部分是通过赢得她的赞赏，部分是通过显示她自己更有爱、更具牺牲精神、更宽宏大量。但另一方面，给了姐姐一件她从未拥有过的漂亮上衣，她实际上是把姐姐放在了"优越"的位置上。为了理解这一点的重要性，有必要提一提，在竞争中病人认为谁穿得好谁就扮演更重要的角色：病人之前常常把姐姐的衣服据为己有。

在这些例子中，理解的过程相对简单一些，但是很清楚地说明了观察是非常重要的。正像病人要毫无保留地讲出脑海中浮现的所有内容一样，分析师也要将每一个细节都视为可能是有意义的。他不应该随手丢弃任何自己觉得不相干的内容，而是要认真对待所有观察到的内容，无一例外。

　　另外，他还要时不时地问自己，为什么病人特定的这种感受或者想法此刻才浮现出来。在当下具体的语境中，这意味着什么？例如，对分析师的友好情感，在一种语境中可能表明对得到帮助和理解的真实感激之情；在另一种语境中，可能意味着病人此刻强烈的愿望是被喜爱，因为在之前的分析中，对新出现问题的处理引起了病人的焦虑；在第三种语境中，可能表达病人渴望拥有分析师的身体和灵魂，因为对于已经揭示出的冲突，病人希望用"爱"来解决。上一章举的那个例子中，分析师被比作强盗或者骗子，不是因为病人对分析师一直存有抱怨，而是更特殊的原因：病人的自尊心在之前的分析中受到了伤害。联想中关于欧洲小国受到不公正待遇的话题，在另外的语境中可能会存在不同的含义——比如，对受压迫者的同情。只有与病人对秘书生病的抱怨以及其他自由联想内容联系在一起，这些言谈才能够揭示出：当他的愿望没有被满足时，他多么强烈地感到不公平。若没能识别出前后自由联想之间，以及自由联想与之前经历之间准确的联系，可能不只会导致分析师做出错误的解释，还会让分析师失去一个了解病人对特定事件会作何反应的机会。

　　能够揭示出某种连接的自由联想链不一定要很长。有时

候，只有两句话的序列也能开启一条理解之路，只要第二句不
是用脑子想出来而是自发产生的。比如一个病人来做分析时感
到非常累、不舒服，那么他一开始的自由联想没有带来什么收
获。前一晚他喝了酒。我问他是否宿醉，他否认了。上一次的
分析中非常有收获，发现了事实上他由于惧怕失败而不愿承担
责任。因此我问他，是否想要躺在已有的成就上睡大觉。正在
这个时候，一段记忆浮现出来，是他的妈妈拖着他穿过一家又
一家博物馆，他对这段经历感到厌烦和恼火。仅仅只有这一个
联想，但是很有启示作用。在某种程度上，这是对我说他"躺
在已有成就上睡大觉"的回应。我的方式和他妈妈强迫他解决
一个又一个难题一样糟。（这是他的典型反应，他对任何类似
强迫的方式高度敏感，然而同时他自己解决问题的主动性又是
被抑制的。）觉察到对我的生气以及他自己很不情愿继续探索
之后，他感觉到放松，感受并表达了其他的情绪。本质上，
精神分析比那次在博物馆的情形更糟糕，因为在这里，分析意
味着他被拖着去看一个接一个的失败。通过这个联想，他不经
意间重续了上一次分析的线索：显示出他对失败的高度敏感。
这是对先前发现的一个详细阐述，因为这表明了对他来说，人
格中任何妨碍他自己顺利有效运作的因素都意味着"失败"，
因此这也揭示了他对接受精神分析根本上是抵抗的。

　　还是这个病人，在另一次分析中，他感到很抑郁。前一天晚上，他碰见了一个朋友，朋友讲述了自己爬瑞士帕鲁峰的事。朋友的讲述让他想起自己在瑞士的那段经历：他也安排好了去爬这座山，但因为山雾迷茫，他没能成行。当时他非常生气，前一天晚上他感觉旧日的愤怒又再次出现了，一连好几个小时久久难以入睡，他一直在盘算怎么才能完成他的心愿，怎样才能克服重重障碍：战争、钱、时间等。就是后来睡着了，他的大脑仍然在想着克服障碍，醒来时他感到很沮丧。分析过程中，一幅看起来不相关的图画浮现在他的脑海中，是美国中西部一个小镇的轮廓，在他看来，小镇象征着单调荒芜。这幅心理意象代表了那一刻他对生活的感受。但是联系何在？如果他不能爬帕鲁峰，生活就是单调荒芜的？的确，当他在瑞士时，他一心想要爬这座山峰，但是这一特殊愿望的受挫很难作为一种解释。他并不是喜爱爬山之人，而且这件事发生在多年前，他早已忘记了。显然，不是帕鲁峰让他烦恼。当平静下来后他意识到，现在他根本不在意爬没爬帕鲁峰这件事。瑞士经历的再现意味着更深刻的东西。它扰乱了他之前的一个错觉式的信念，那就是如果他定下了一个心愿要获得什么，就一定能够得到。任何无法逾越的障碍都意味着要让他愿望受挫，哪怕是不由他自己控制的山上有雾这种障碍。关于中西部小镇荒芜画面的联想，说明他给信仰附加了巨大的意义，对自己愿望的绝对力量的信仰：这意味着如果他必须放弃信仰的话，那么生命就不值得继续。

病人呈现的材料中不断重复的主题或者序列，对于理解病人特别有帮助。如果每次自由联想的结束都暗含一些迹象表明病人比一般人更聪明、更理性，或者总的来说是一个出类拔萃的人，那么分析师就要理解病人的这种信念，即这种特质对病人来说具有非凡的情感价值。一个病人不放过任何机会展示分析对他有什么样的损害，另一个病人不放过任何机会强调分析带给他的进步，这两个病人会让分析师得出不同的临床假设。对于前一种病人的情况，如果病人在展示自己被损害的同时还伴随着不断重复报告自己被不公平地对待、被伤害、被牺牲，那么分析师就会开始关注病人的下列因素：病人很大程度上正是按照这种方式在体验自己的生活，那么什么样的因素可以解释这一切？这种态度会给病人的生活带来什么样的影响？为什么？重复的主题因为揭示出了病人某种典型的反应模式，也会帮助理解病人的体验为什么总是沿着千篇一律的模式进行——例如，为什么他总是怀着极大的热情开始一项事业却又很快放弃，或者为什么他对朋友或者爱人常常有同样的失望。

从病人的矛盾中分析师也能发现有价值的线索，而病人的人格结构中有多少矛盾就必定会浮现多少。同样地，从病人过分夸大之处也能发现线索，比如明显与诱发因素不成比例的激烈的、感激的、羞耻的、怀疑的反应。这些过剩的情感总是提示有潜在的问题，会让分析师想要去看看之前的诱发因素对病人来说有怎样重要的情感意义。

梦和幻想在通往理解的路上也具有非凡的重要性。因为它们相对直接地表达了无意识的情感和追求，所以它们对于理解那些在别的地方几乎不可见的内容提供了康庄大道。有些梦很直截了当；但一般来说，梦使用的是一种神秘的语言，只有借助自由联想才能理解。

病人到底是在哪个特殊的点上从合作转向了这样或那样的防御，了解这一点也对理解病人提供了帮助。分析师逐渐发现了这些阻抗的原因，也就对病人的独特性获得了更多的理解。有时候，病人表达暂停或敌对的情绪，以及他当时为什么这样做，是很清晰的。但更多的情形是，必须通过敏锐的观察才能发觉阻抗的存在，并且想要理解阻抗存在的原因的话，自由联想是很有必要的。如果分析师成功理解了阻抗，他就会更明白：准确来说是哪些因素让病人感觉到痛苦或者害怕，也就更能明白病人所作反应的精确本质是什么。

同样有启发性的，还包括病人忽略了的主题，或者一旦碰触就迅速丢弃的主题。比如，如果病人坚决避免表达任何对分析师的批评想法，而在其他地方病人其实是过度严厉、吹毛求疵的，那么分析师就得到了一条重要的线索。这种情形的另一个例子是，病人来分析的前一天发生了一件特殊的、让他难过的事情，而病人在分析中没有讲到。

所有这些线索帮助分析师形成关于病人过去和现在生活清晰连贯的画面，并了解到病人人格中有哪些持续作用的力量。这些线索同样也能帮助理解在病人与分析师的关系中，以及在分析情境中，有哪些因素在运作。为什么尽可能准确地理解这一关系如此重要？原因有很多。首先，举例来说，如果有潜在的针对分析师的怨恨没有被发现，那么整个分析就可能无法继续进行下去。就算是心怀最美好的愿望，但是如果病人内心深处针对分析师这个他要在其面前暴露自己的人，有着未解决的怨恨，那么他是没办法自发自由地表达自己的。其次，因为病人在面对分析师时的感受和反应与他面对其他人时其实是一样的，那么他无意识地会在分析中展现出同样的、在其他关系中也会展现出的不合理的情感因素、挣扎及反应。因此，共同合作来研究这些因素就有可能让分析师能够理解病人在日常人际关系中存在哪些困扰，而这些正像我们已经看到的，是整个神经症的关键问题。

实际上，有助于一步一步理解病人人格结构的线索几乎是无穷多的。但是有一点很重要，必须要注意：分析师使用这些线索的方法不仅是要通过严密的推理，而且可以说还要凭直觉。换句话说，他并不总是能够很精确地说明他是如何得出实验性假设的。比如，以我自己的工作为例，有时我会通过自己的自由联想得出理解。正在倾听病人诉说，忽然病人很久之前讲过的某件事进入我的脑海中，我并没有立即就明白在当下的情境下它有怎样的含义；或者有关其他病人的发现有时会浮现在我脑海中。我知道，不能随便丢弃这些联想，仔细检视它们通常都是很有帮助的。

当分析师发现了一些可能的联系，当他对某种情境下存在什么样的无意识因素在运作有了认识之后，他就会告诉病人他的解释——如果他觉得这么做是合适的。因为本书不是用来讨论精神分析技术的，选择时机作出解释的情况在自我分析中用不上，所以在这里简单提一提就足够了：分析师会给出解释，如果他认为病人能够承受并利用这个解释的话。

解释是分析师对病人的表现可能会具有什么样的意义所提供的建议。自然地，解释或多或少都是实验性的，病人对解释的反应也各不相同。如果一个解释本质上是对的，那么它可能会击中要害，并且激发出一些联想，以表明它还有更深远的影响。或者病人可能会检验假设，并逐渐证明它是对的。甚至有时候，如果病人合作的话，部分正确的解释也会引发一些新的思考动向。但是解释也有可能会激起焦虑或者阻抗。这里与之前章节讨论的关于病人对洞察的反应有很多关联的地方。不管病人的反应是什么，分析师的任务都是理解它们，并从中有所收获。

从最本质的意义上讲，精神分析是共同合作的工作，病人和分析师一起决定去理解病人的困难。病人试着把自己敞开给分析师，就像我们之前看到的，分析师观察、理解，并且在适当的时候把自己的解释表达给病人。因此，分析师对于病人呈现的资料可能会有什么样的意义给出自己的建议，然后两个人一起试着检验这些建议是否有效。比如，他们一起设法搞清楚一个解释只是在当下的情境中正确，还是普遍来说非常重要；它是一直有效，还是只在某种特定条件下才有效。只要这种合作精神一直存在，分析师理解病人并把自己的发现传达给病人就相对容易些。

真正的困难出现在病人发展出"阻抗"的时候——用技术术语表达就是这样。那么，有形或无形中，病人会拒绝合作。他会迟到或者忘记约定好的治疗。他想暂停几天或者几周。他对常规分析失去兴趣，只想得到分析师的爱和友谊。他的联想变得浅表，令人毫无收获，并且闪烁其词。他不再检验分析师给出的建议，而是憎恨这些建议，并感到自己受到了攻击、伤害，感到自己不被理解且遭到羞辱，于是带着生硬的无助感和无用感拒绝所有的帮助。基本上，这一僵局的出现是因为某些洞察不被病人接受：这些洞察太痛苦、太可怕，它们动摇了病人视为珍宝的无法放弃的幻想。因此病人想方设法击退这些洞察，尽管他并不知道自己是在试图逃避痛苦：他只知道，或者认为自己知道，他被误解了或者被羞辱了，或者这些工作根本就是徒劳无用的。

　　直到目前为止，分析师大体上一直在跟随病人。当然，也有一定量潜在的引导，暗含于每一次对可能发展方向的建议中——分析师的解释、提问及怀疑，提供新的倾向。但是很大程度上，主动权还是在病人手里。阻抗一旦发展出来，解释性工作和暗中的引导可能就不够了，那么分析师就一定要掌握方向、带领病人。此阶段他的任务是，首先识别出阻抗本身，接着帮助病人识别阻抗。而且他一定要既帮助病人看到他在进行一场阻击战，还要找出病人极力避开的是什么：在查找过程中，有时有病人的帮助，有时没有。他是怎么做到这些的呢？他要在脑海中回到之前的几次治疗中，试着发现在本次治疗之前是什么东西打击到了病人而引发了阻抗。

这个工作有时候很容易，但有时候也可能非常困难。阻抗从哪里开始，可能一点都不明显。分析师可能对病人脆弱的地方一无所知。但是如果分析师能够发现阻抗的存在，并且能够让病人相信有阻抗在运作，那么通过常规探索，阻抗的来源通常都可以被发现。这一发现的首要好处，是清除了下一步工作道路上的障碍，不过还有更长远的获益——理解阻抗的来源还给分析师提供了非常重要的信息：病人想要掩盖起来的到底是什么样的重要内容。

当病人获得了一个有深远含义的洞察时，分析师的主动引导有可能格外必要：例如，病人成功地看见了一种神经症倾向，并且认识到其中有一种来自原始命令的驱动力量。这本来是可以收获的时候了，此时很多之前的发现有可能被整合起来，更进一步的衍生结果也变得明显。但是经常出现的反而是，就在这个时候，病人发展出了阻抗，企图通过尽可能少的努力来侥幸获得成功，原因已经在第3章讲过了。阻抗的方式五花八门。他可能会无意识地寻找并表达一些已知的解释。或者，他可能通过一种有点微妙的方法贬损这一发现的意义。又或者，他的反应可能是下定决心要靠顽强的意志掌控这种神经症倾向，而这种做法却是在继续重铺通往地狱之路。最后，他可能会过早地提出这个问题：为什么这种倾向能这样牢牢地控制自己，并一头扎进童年历史，最多也只能提出一些相关数据，有助于理解神经症的起源，因为实际上他钻研过去只是一种逃避的方法，逃避去认识已发现的神经症倾向对他的实际生活意味着什么。

努力想要尽快逃离非常重要的洞察也是可以理解的。一个人其实很难面对这样的事实：他用尽全力追逐的其实是一个幻影。更重要的是，这样的洞察让他不得不面对这样一个事实：他必须从根本上改变。很自然地，他会倾向于闭上眼睛，不去看这种对他的整个平衡造成如此重大干扰的洞察。但事实依然是，由于他的匆忙撤退，他阻止了洞察的"渗入"，因此剥夺了洞察可能带给自己的好处。这里，分析师能提供的帮助就是带领方向，向病人揭示他正在采取的撤退策略，同时鼓励他详细地检查这种神经症倾向会给他的生活带来什么样的影响。之前也提到过，一种倾向可以被处理的前提条件是它的范围、强度和含义被全面检视。

另一个由于阻抗而要求分析师必须主动引导的点，是当病人下意识地不愿意直接承认他正陷于两种矛盾驱动力的冲突当中的时候。在这里，他再一次倾向于维持现状，但这会阻碍所有的进步。他的联想呈现为毫无意义地在冲突的两边摇摆。他可能会谈一谈他需要用唤起同情的方式迫使别人帮助他，很快地，他又谈到他自豪于不让自己接受任何帮助。分析师想要对其中一边做些评论时，他会摆动到另一边。无意识的策略可能很难被发现，因为在整个过程中，病人还时不时地带来一些有价值的材料。不管怎样，辨识出这种逃避的行为，并引导病人去直接承认冲突的存在，是分析师的任务。

同样，在分析的后半段，有时候也需要分析师承担引导责任，带领病人处理阻抗。他可能会惊讶地认识到，尽管已经做了很多工作了，尽管也获得了领悟，病人却一点改变都未发生。在这种情况下，他必须抛弃解释者的角色，而就洞察和改变之间的距离来面质病人，可能的话，就病人是否无意识地有所保留提出疑问，看看是否这个原因而让他不能被获得的领悟真正地触动。

到目前为止，分析师的工作都带有理智的色彩：他拿出自己的知识服务于病人。但是他的帮助已超出了他的特殊技能所能够给予的，尽管他并不知道自己其实已经提供给了病人比技术手段更多的东西。

首先，正是因为他在那里，给了病人独一无二的机会去了解自己与他人相处时的行为举止。在另外的关系中，病人常常把思绪主要集中在他人的独特个性上，他人的不讲道义、自私、轻蔑、不公平、不可靠、敌意；就算是他知道自己的反应是什么，他也倾向于认为是他人激起了自己的这些反应。但是在分析中，这种特有的属于个人的复杂性完全没有了：一方面是因为分析师是接受过分析的人，而且还在继续分析他自己；另一方面也因为分析师并没有卷入病人的生活当中。这种隔离把病人的独特个性从通常一直萦绕在病人周围的迷雾样的环境中分离开来。

其次，分析师友好亲切又满怀兴趣，这就给了病人很多所谓一般性的人际帮助。在某种程度上，这和理智上的帮助密不可分。分析师想要理解病人这一简单的事实，就意味着他在认真对待病人。这本身就是一种"此刻你最重要"的情感支持，特别是在下列这些时刻：当病人被正在浮现的恐惧和犹疑所折磨，当他脆弱的一面暴露出来，他的自尊受到打击，他的幻想正在被摧毁，因为病人往往与自己太过隔离，以至于不能认真对待自己。这样说似乎听起来令人难以置信，因为大多数的神经症病人都对自己的重要性太过敏感，不管是他们独一无二的潜能，还是独一无二的需求。但是认为自己是最重要的和认真对待自己之间，有着本质的区别。前一种态度来源于自我形象的膨胀，后一种与真实的自我及其发展有关。神经症倾向的人常常把不够严肃认真地对待自己合理化为"无私"，或者认为想自己太多很可笑或很狂妄。这种根本性的对自己的不感兴趣，是自我分析面临的最大困难之一，但反而是专业分析的一个巨大优势，原因就在于它意味着病人要和另一人一起工作，这个人通过专业的态度激发起病人友善对待自己的勇气。

当病人被正在浮现的焦虑捕获时，这种人对人的支持尤为可贵。在这种情况下，分析师很少会直接让病人感到安心。但是事实上，焦虑被当作具体问题拿出来处理，并且最终一定会被解决掉，这就已经减少了未知带来的恐惧，无论解释的内容是什么。同样地，当病人失去勇气想要放弃努力的时候，分析师提供给他的不仅仅是解释：正是分析师尝试去理解病人的这种态度乃是矛盾冲突的结果，这种尝试本身就是对病人极大的支持，大过任何安慰或者鼓励的话。

还有一些时候，那些病人建立自尊的虚幻基础开始动摇，他开始怀疑自己。丢掉关于自身的幻想是好的，但是我们必须要记得，对于所有的神经症患者而言，稳固的自信心已经被大大地破坏了。觉得自己优于别人的虚幻观念替代了自信心，而挣扎中的病人分不清这两者的区别。对他来说，逐渐瓦解他的自我膨胀观念，意味着破坏他对自己的信心。他发现自己不像自己确信的那样圣洁、友爱、强大、独立，同时他也难以接受自己将失去光环。此刻，他需要有人仍对他有信心，尽管他对自己的信心已经没有了。

更宽泛地说，分析师给予病人的普通人际帮助类似于朋友之间的帮助：情感支持、鼓励、关心他的幸福。这可能让病人第一次体验到人与人之间互相理解到底具有怎样的可能性；第一次有另一个人不厌其烦地去了解他，看到他不仅仅是一个心怀怨恨、多疑、愤世嫉俗、索求无度、吹牛皮的人，尽管这个人清楚地认识到了他的这些神经症倾向，仍然视他为一个正在不断挣扎、不断努力的人，并因此喜欢和尊重他。如果分析师被证明是一个可信赖的人，那么这种好的体验可能也会帮助病人重拾对他人的信心。

本书中我们的宗旨是探索自我分析是否有可能，那么回顾一下分析师的这些功能也是有必要的，可以看一看在多大程度上可以由病人独自完成这些功能。

毫无疑问，一个受过训练的他人的观察，一定比我们自己对自己的观察更准确；尤其是，关于我们自己，我们很难做到不偏不倚。但是，与这些不利因素相对而言的是这样的事实，前面已经讨论过了，那就是我们比他人更熟悉我们自己。精神分析治疗的过往经验告诉我们，毋庸置疑，如果病人致力于想要理解自己的问题，那么就能发展出惊人的能力来进行敏锐的自我观察。

在自我分析中，理解和解释是同一个过程。专业人士由于有多年的经验，会比自我分析的人更迅速地从观察结果中抓取可能的意义，就像一个好的仪器能更迅速检查出汽车哪里出了问题。通常来说，专业人士的理解也会更全面，因为他的理解会抓住更多的含义，会更容易标识出已了解的各因素之间的联系。在这一点上，病人具备心理学知识会有一些帮助，尽管这些知识肯定不能取代分析师从日复一日处理心理问题的工作中得来的经验。但是，就像后面第八章的例子所展示的，毫无疑问，一个人自己是有可能从他自己的观察结果中抓取到意义的。诚然，他可能进展得比较慢，且不太准确，但是要记住，专业分析过程的快慢也不是主要取决于分析师的理解能力，而是取决于病人接受洞察的能力。在这里，有必要记住弗洛伊德当年给刚开始接待病人的年轻分析师所说的那些安慰的话。他指出，年轻的分析师们不要过于关注自己是否有能力评估病人的联想；分析中真正的困难不是理智上的理解，而是处理病人的阻抗。我相信这些话也同样适用于自我分析。

　　一个人能克服他自己的阻抗吗？这是一个很现实的问题，答案与自我分析的可行性紧紧联系在一起。但是，把它比作让一个人拎着自己的鞋带把自己提起来——一定会有人做这样的比较——似乎并无根据，因为事实上，有一部分的自我是希望向前走的。当然，这件工作能做下去，既取决于阻抗的强度，也取决于克服阻抗的动机的力度。但是，关键问题在于——我会等到后面的章节再来回答——这件工作在多大程度上可以进行，而不是它到底能不能进行。

其实还有一部分事实是，分析师不仅仅是个解释者。他也是人，他和病人之间的人际关系是治疗过程中的重要因素。这种关系的两面性是，首先它呈现了一个独一无二的机会，让病人能够和分析师一起观察自己的行为，借此来研究通常情况下与人交往时自己有些什么典型特征。如果他学会了在通常的关系中观察他自己，这一优势完全可以被替代。在与分析师的工作中，他展现出来的期待、愿望、恐惧、脆弱和抑制，与他在其他关系中，比如与朋友、爱人、妻子、孩子、雇主、同事或者仆人的关系中，并没有本质的区别。如果他认真严肃地下定决心要认识自己是以怎样独特的方式参与到这些人际关系中的，那么仅凭他是一个社会人这一点，就已经为他提供了大量的自我研究的机会。

但是，他是否能够充分利用这些信息源当然是另外一回事。毫无疑问，他面临的是一项艰巨的任务，如果他尝试去评估自己的因素在人际关系中占比多少的话，这项任务要比在分析情境中艰巨得多。在分析情境中，分析师的个人倾向可以忽略不计，因此病人可以更容易地看到他自己造成了什么样的困难。在通常的人际关系中，其他人也浑身上下都渗透着自己的特点，就算他满怀真实意图想去客观地观察自己，他也会倾向于让他人为出现的困难和摩擦负责任，而视自己为无辜的牺牲者；或者认为对于他人的不通情理，自己的反应是很合乎情理的。在后一种情形中，他不一定非常露骨地滔滔不绝地公开去谴责；他可能会采用一种表面上看起来合理的方式，承认他是有些急躁、生闷气、不恰当，甚至也不公平，但私下里他认为这种态度是自己在被冒犯的情况下合乎情理的适当反应。对他来说，面对自己的弱点，越是难以承受——同样，当别人指出失调因素时越是感到痛苦——就越有风险让自己无从获益，这些益处本应该来自认识自己的因素在人际关系中占比多少。而且，如果他倾向于从相反的另一极夸大事实，即粉饰他人、抹黑自己，那么其实面临的风险在本质上是一模一样的。

还有另一个因素使得一个人更容易从自己与分析师的关系中，而不是与其他人的交流过程中，看到自己的独特性。一个人身上令人烦恼的性格特征——不自信、依赖、傲慢、心怀怨念，遇到不管多么轻微的伤害就怯场退避吧——总是与他自己的最高福祉相敌对，不仅仅因为这些特征使得他对自己与他人关系的满意度降低，而且还因为这些特征使得他对自己也不满意。然而，在他平常与人交往的过程中，这一事实常常变得模糊不清。他感到自己能够通过保持独立、报复他人、战胜他人而获得些什么东西，因此他不太愿意去搞清楚自己在干什么。展现于分析工作中的同样特征，是如此赤裸裸地与他个人福祉相对立，以至于他简直无法回避它们的有害性，因此想要蒙住眼睛不去看的冲动会显著减少。

尽管不容易，但是一个人克服情感上的困难去研究自己人际交往中的行为，是完全有可能的。后面第八章我们将会看到的自我分析的例子：克莱尔通过审视自己与爱人的关系来分析自己病态依赖的复杂问题，她成功了，尽管上面提到的两种困难都集中出现了——她爱人的人格紊乱程度至少和她一样；并且，从她神经症的期待和恐惧的角度来看，她自然也有一种强烈的愿望，不想承认她的"爱"其实是一种依赖的需要。

与分析师关系的另一方面，是分析师作为普通人的帮助，或明显、或隐含地延伸到病人身上。虽然分析师在其他方面的帮助或多或少都可以被替代，而纯粹的作为普通人的帮助在自我分析中当然是完全没有的。如果一个正在自我分析的人很幸运有一位能够理解他的朋友可以和他一起讨论自己的发现，或者他能够时不时地与一位分析师一起检查这些发现，那么他就不会在自我分析的工作中感到孤独。但是所有权宜之计都不能完全替代与另一个人密切合作解决问题所带来的无形价值。缺少这种帮助是让自我分析如此困难的原因之一。

第六章 偶尔为之的自我分析

　　一个人偶尔分析下自己，要相对容易些，而且有时候也会有一些即刻的收获。从本质上看，每一个真诚的人，当他想要解释自己的感受和行为背后的真实动机的时候，都会这么做。就算一个人对精神分析略知一二，没有太多了解，当他爱上一个特别迷人或者富有的女孩时，大概都会问自己有没有可能是虚荣心或者金钱在部分地左右了他的感觉。一个人无视自己有更好的判断，而在争论中屈服于妻子或者同事，他可能也会问自己到底屈服是因为他确信正在争辩的主题相当无意义，还是因为害怕会引起冲突。我假设人们经常会这样检查自己，很多人都会这么做，除非他们完全拒绝精神分析。

　　偶尔自我分析的主要领域，不会是错综复杂的神经症性人格结构，而是总体看来比较明显的症状，是一些具体的通常也比较强烈的紊乱——这些紊乱要么激起一个人的好奇心，要么因为太痛苦而要求即刻关注。因此本章中所举的例子包括功能性头疼、急性焦虑发作、害怕公开演讲的律师以及功能性消化不良。但是，一个令人吃惊的梦、忘记了约会或者因为出租车司机微不足道的欺骗就过分恼怒，这些同样也可以带出想要理解自己的愿望——或者更准确地说，想要去发现自己特定反应背后可能的原因。

上面提到的区别看起来似乎有些胶柱鼓瑟，但实际上它是在说，偶尔尝试解决问题与系统性地对自己进行分析之间存在重大区别。偶尔自我分析的目标，是辨识出引起具体困扰的因素并去除它们。更宽泛的动机，想要准备得再好些来处理日常生活的愿望，可能也在这里起作用；但即便是起了某些作用，也仅限于希望减少被某种恐惧、头痛或其他的麻烦阻碍的程度。这与更深入、更积极地最大限度发展一个人潜能的愿望不同。

就像后面许多例子中显示的那样，失调让一个人尝试着去检视自己的生活。这些失调有时候是急性的，有时候是慢性的，存在了很长时间；他们可能主要来自某个情境中的实际困难，也可能是长久存在的神经症的表达。他们到底是可以被很简洁地处理掉的分析还是需要更深入的工作，取决于后面将要讨论到的因素。

较之于系统性的自我分析，偶尔为之的自我分析需要具备的先决条件相对不那么苛刻：有一些心理学知识足矣，而且不一定是书本知识，从日常生活体验中获得的知识也可以。唯一必不可少的要求是：愿意相信无意识因素的力量可能足以使整个人格失调。说得不好听一点，对于某种失调，一定不要太易于满足手边现成的解释。比如，一个人因为被出租车司机骗了一分钱而极度烦恼时，他一定不会满足于你对他说：毕竟，没有人喜欢被骗。一个深受严重抑郁折磨的人，一定不会相信这样的解释：这样的状态源于世界大环境。说一个人太忙了所以记不得约见，不能充分解释为何他总是习惯性地忘记约定。

那些不太像心理特征的症状，比如头痛、胃部不适或者疲劳，特别容易被置之不理。事实上你可以观察到，对这些紊乱症状人们有两种截然相反的态度，都很极端和片面。一种是不假思索地把头痛归结为天气状况，把疲劳归结为过度劳累，把胃部不适归结为吃了不洁的东西或者胃溃疡，想都不想是否有牵涉到心理因素的可能。可以假定，这种态度完全源自无知，但同时也是一个人典型的神经症倾向，他不能容忍自己存在任何的不均衡或者有瑕疵的念头。另一种是相信所有的失调都有心理原因。对于这种人而言，他感到疲劳绝不可能是因为工作过度忙碌，他得了感冒绝不可能是因为接触了太猛烈的传染源。他不能忍受这样的想法：外部因素居然有力量影响他。如果有什么失调发生在他身上，也一定是他自己招来的；而且如果一个症状是源于心理上的原因，那么他就有能力消除掉它。

不用说，两种态度都很强迫，最具建设性的态度应该在两者之间的某处。我们可能的确关心世界大环境，但是这样的关心应该激励我们去行动而不是让我们抑郁。过于劳累或者睡眠不足，我们就有可能会感到疲劳。我们头疼很有可能是因为视力差或者脑部生肿瘤。所有的身体症状在充分全面的医学探究及解释之前，都一定不要轻易归因于心理因素。重要的是，充分尊重看似合理的解释的同时，还应该看一看一个人的情感生活。就算是一个人得了流感这样的小毛病，给予恰当的医学关注后，问一问是否有一些无意识的心理因素起作用，也会有帮助，会有助于降低阻抗——不愿认为是传染或者不愿康复。

如果将这些一般性考虑都牢记在心，那么我相信下面的例子就足以说明在偶尔为之的自我分析中会遇到什么样的问题。

约翰，一位性格温和的商人，表面上看起来很快乐，结婚5年了，苦恼于自己弥漫性的抑制以及"不如别人的感觉"；最近几年发展出间歇性头痛，查无器质性原因。他从来没有接受过分析，但对精神分析的思路却相当熟悉。后来他找到我，希望对他相当复杂的性格神经症进行分析。他独自分析过自己，这种体验是一个因素，让他相信精神分析性治疗可能会对他有价值。

他当初分析自己的头痛时并不是有意为之。他、他的妻子及两个朋友一起去看音乐剧，演出还没结束，他的头开始痛了起来。他觉得非常奇怪，因为去剧院前他还感觉不错。一开始，他有些恼怒地把自己的头痛归因于当晚的音乐剧太糟糕了，整个晚上的时间都被浪费掉了。但是很快他就意识到，毕竟没有人会因为一个糟糕的音乐剧就患上头痛。于是，他更仔细地想了一想，音乐剧其实也没那么糟糕。但是的确，这个剧和他本应该首选的肖氏戏剧根本没法比。这几个字闯进了他的头脑——他"本应该首选"。此刻他感到怒气一闪而过，也看到了其中的联系。当大家讨论去看哪个剧时，他的意见完全被驳倒了；而且那甚至算不上是个讨论：他觉得自己应该是一个输得起的人，并且这又有什么关系呢。然而对他来说，这显然有关系，他对被人强迫感到深深的愤怒。认识到这一点，他的头痛消失了。他也认识到他不是第一次因为这样的原因头痛发作。还有比如，他很讨厌参加桥牌聚会，但总是在别人的劝说下参加。

发现压抑的愤怒和头痛之间的联系让他很震惊，但是对此也并没有更深入的想法。然而几天后的一个早上，他醒得有点早，再一次感到头痛欲裂。前一晚他刚刚参加了他们机构的员工会议，会后大家一起去喝酒。一开始他以为头痛是在提示他可能喝得有点多，因此他翻了个身准备接着再睡，但睡不着。一只飞虫绕着他的脸嗡嗡盘旋，激怒了他。一开始这种恼怒几乎察觉不到，但很快他就气炸了肺。接着他回想起一个梦或者梦的片段：他用吸水纸按死了两只臭虫；吸水纸有很多小孔；事实上，他记得吸水纸其实是布满小孔的，而且这些小孔构成了一种有规则的图案。

这些内容让他记起了小时候的事。他把棉质的纸折叠好，准备剪出图案。他被美丽的图案深深吸引。有件事浮现在脑海中：他给妈妈看他叠好的纸，希望妈妈会喜欢，但她只是敷衍了事地看了一眼。吸水纸让他想起了员工会议。会上他感到无聊，于是在纸上乱画。不，他不仅仅只是乱画。他在画一幅小小的讽刺画，嘲笑主席、嘲笑对手。"对手"这个词让他猛然一惊，因为他从未在意识中觉得那个人是自己的对手。对那个必须要进行表决的决议，他隐约感到有些不舒服。但是他并没有清楚明白地反对。因此，他提出的反对意见实际上不很中肯，还相当虚弱，给人留不下什么印象。直到现在他才意识到被他们耍了，因为接受了那个决议意味着他自己要做很多乏味的工作。他们太聪明了，让决议逃过了他的反对。在这个时候，他突然笑了，因为他明白了臭虫指的什么。主席和对手——他们是吸血鬼，像臭虫一样令人厌恶；同样他也像害怕臭虫一样害怕这些剥削者。所以，他选择了报复——至少是在梦中。他的头痛再一次消失了。

后来有 3 次，当开始头痛时，他立即寻找隐藏的愤怒；找到了，头痛也消失了。之后，头痛完全治愈了。

回顾这一段，对于他所进行的分析工作如此轻松而效果如此之好，有人可能会感到惊讶。但其实，精神分析也和其他任何事情一样，奇迹很少发生。一个症状是否能够轻易被移除，取决于它在整个结构中的功能。在这个案例中，头痛并没有发挥更深远的作用，比如防止约翰去做一些他害怕去做或者不愿去做的事，或者作为一种方式向其他人证明他们冒犯了自己或者伤害了自己，或者作为要求特殊关照的依据。如果头痛或者任何其他症状担当着诸如此类的重要功能，要想治愈它们就需要更长时间、更有穿透力的分析。那么就要分析所有被这些症状满足了的需求，而且有可能不到实际的分析工作结束，它们是不会消失的。在约翰的例子中，它们没有承担任何这样的功能，头痛可能仅仅是因为压抑的愤怒导致紧张不断增加所致。

如果从另一方面来考虑，约翰成功的范围就不那么大。当然，摆脱头痛是一个收获，但是在我看来似乎我们倾向于过高估计这种明显的、有形的症状，而过低估计了更加无形的心理失调：比如在这个例子中，约翰与他自己的愿望和意见的疏远隔离，以及他自我肯定方面的抑制。这些失调并没有通过他的分析得到改变，后来却被证明对他的人生和发展具有重大影响。所有的改变只不过是在某种程度上他更能意识到自己不断升起的愤怒，以及他的症状消失了。

实际上，约翰碰巧分析到的所有事件，本来都可以提供更多的洞察。对自己在看音乐剧期间产生的愤怒进行分析的过程中，还有大量疑问没有触及。他与妻子关系的真实本质是什么？他所引以为傲的谦和包容，仅仅是因为他自己的顺从？她是否专横跋扈的女人？或许只不过是，他对所有类似于被人强迫的感觉敏感？此外，他为什么压抑愤怒？是不是出于强迫性地想要被人喜爱的愿望，所以必须压抑愤怒？他害怕受到妻子的指责？他是否必须要维护自己从不会为"琐事"烦恼的形象？他是否害怕不得不自己争取愿望的满足？最后，他真的只是对被人驳回而感到生气，还是其实他主要是对自己生气，气自己的让步纯属软弱？

员工会议后他很生气，对此进行分析其实也可以揭示更多问题。当自己的利益受损时，为什么他不能更警觉一些？还需要问，他是否害怕为自己的利益而战？或许是愤怒就这么一点点——碾死臭虫——那么全部压抑住会比较安全？同样，是否因为他太过顺从，才让自己被人利用？或许，他体验到的被利用其实仅仅是他的合作者对他的合理要求？此外，他想给人留下什么样的印象——记忆中他曾经期待妈妈的赞赏？他没能给同事留下这样的印象是他生气的一个主要原因吗？还有，他的生气多大程度上是针对自己如此谦逊、缺乏自信的？所有这些问题都没有触及。约翰发现了压抑自己对别人的愤怒对他产生什么样的影响，但他听之任之。

第二个例子中病人的经历让我第一次开始考虑自我分析的可能性。哈里是一名内科医生，因为惊恐发作来找我作分析，之前他尝试过服用吗啡和可卡因来缓解；同时他像中了魔咒一样，有裸露癖的冲动。毫无疑问，他有严重的神经症。经过几个月的治疗之后，他出去度假，期间焦虑发作，他自己进行了分析。

与上一个例子中约翰的情形一样，开始这一段自我分析是个偶然，出发点是一次严重的焦虑发作，表面看起来是由一个真实的危险刺激所致。当时哈里正和女友一起爬山。过程很艰苦，不过只要还能看清楚路线就没有危险。但是，暴风雪突然要来了，他们被浓雾包裹了，情况变得很危险。哈里的呼吸开始急促起来，像是胸口挨了一记重锤，他变得非常恐慌，最后不得不躺下来休息。对这个事件哈里没有多想，只是模糊地把自己的焦虑发作归结为自己已经精疲力竭以及真实存在的危险。顺便说一句，这个例子说明了我们是多么容易满足于一个"我们想要的"错误解释：因为哈里身体健壮，而且面对紧急情况时从来都不是胆小鬼。

第二天，他们踏上一条狭窄的镶嵌在陡峭石壁上的小路，女友走在前面。哈里突然被一个想法或者说一股冲动紧紧裹挟：想把她推下悬崖。这时，他的心脏又开始狂跳不止。这当然让他吃惊不已，毕竟，他很喜欢她。他首先想到了德莱塞的《美国悲剧》。男孩子为了除掉女友把她溺毙了。然后他想到前一天的焦虑发作，勉强捕捉到了类似的冲动。当时这只是一闪而过，当它出现时他也想了一想。但是他清楚地记得，在焦虑发作之前，他对女友的恼怒在不断增加，曾经涌起过极端愤怒的情绪；而他把这些都放在了一边，没有过多思考。

那么，这就是焦虑发作的意义了：强烈的冲动来自一方面对女友陡生恨意，另一方面对女友发自内心的喜爱，这两者之间发生冲突。他感到一阵轻松，也因自己分析了第一次焦虑发作并阻止了第二次发作而感到骄傲。

与约翰不同，哈里向前多走了一步，认识到自己对深爱的女友有恨意和谋杀冲动，这让他警觉起来。继续向前走，他提出了这样的问题：为什么他想要杀死她。立刻，前一天早上他们的一场谈话浮现在脑海中。女友称赞他的一个同事在人际交往中很聪明，在聚会上是一个迷人的主人。就这些似乎并不足够引起这么多的敌意。然而当他仔细考虑这件事时，他感到愤怒在不断上升。他在嫉妒吗？但是并没有任何会失去女友的危险，尽管这个同事比他高，也不是犹太人（他对这两点敏感），而且的确也能说会道。当他的思绪沿着这些线索游荡时，他忘了自己在生女友的气，他的注意力集中在把自己和同事作比较上。接着他想起了一个场景。那时他大约四五岁的样子，想爬树却没爬上去。他的哥哥轻轻松松地爬了上去，并在上面取笑他。另一个场景也鲜活地出现在脑海中：他妈妈在表扬这个哥哥，而他自己被冷落在一旁。哥哥总是比他强。昨天激怒他的一定是同样的事：他仍然不能承受有人在他面前表扬别的男人。有了这样的洞察后，他的紧张感消失了，能够轻松自如地爬山了，并且再次感到对女友充满柔情。

和第一个例子相比较，第二个例子在某些方面比第一个要更有收获，在另外一些方面则不如第一个。尽管约翰的自我分析比较表面化，但他的确比哈里多走了一步。约翰没有止步于只对一种特定的情况作出解释：他认识到他所有的头痛可能都来自被压抑的愤怒。哈里仅仅只分析了一种情况。他没有想到去思考一下，他的发现是否也和其他时候的焦虑发作有关系。另一方面，哈里收获的洞察显然要比约翰的深。发觉自己有谋杀冲动是一种真实的情绪上的体验；他至少发现了自己恨意的一丝线索，并且发现事实上陷入了一种冲突。

在第二个例子中，你可能会惊讶于有这么多的疑问没被触及。假设哈里对女友表扬另一个男人很恼火，那么这些反应为何如此强烈？如果有人表扬别的男人是他的敌意的唯一来源，那为什么对他来说这件事这么具有威胁性以至于他的反应如此强烈？是否他受控于极大的又极度脆弱的虚荣心？如果是这样，那么他存在什么样的缺陷，需要掩盖得这么严实？与哥哥的竞争当然是一个非常重要的历史因素，但作为解释还不充分。冲突的另一面，他对女友如此忠诚的本质是什么，还一点都未涉及。他是否主要是为了得到她的赞赏才需要她？他的爱中有多少依赖的成分？他对女友的敌意还有其他来源吗？

下面要讲的第三个例子中，涉及对某种怯场状况的分析。比尔，一位健康、强壮、聪明且成功的律师，因为恐高及害怕身居高位来找我咨询。他重复地做一个噩梦，梦中他被人从桥上或者高塔的顶端推下。当他坐在剧院的头排包厢以及从高高的窗户向下看时，会感到眩晕。此外，如果他不得不出庭，那么出庭之前有时他会感到恐慌，见客户前有时也会。他从一个贫穷的环境中一点一滴逐步发展起来，常常害怕自己没有能力保住现有的职位。有一种感觉总是不经意间浮上心头：他只是虚张声势，迟早有一天会被人发现的。他无法解释自己的恐惧，因为他相信自己和其他同事一样聪明；他口才不错，总是能用自己的论点说服别人。

　　他能够坦诚地谈论自己，因此我们试着通过几次会谈去看一看冲突的大致轮廓：一方面是野心、自信，想要欺骗别人的愿望；另一方面要维持这样一种形象：表面上看起来他是一个非常正直、从不利己的人。冲突的两方面都压抑得不深。他只是没有意识到双方矛盾的本质及各自的力量。一旦这些内容被拿出来放在聚光灯下，他就能明确地认识到实际上他是在虚张声势。然后，他自然而然就自己把无意中的欺骗行为和眩晕联系在了一起。他发现自己渴望在一生中获得高位，但是不太敢承认自己实际上野心很大。他害怕别人一旦发现自己的野心会与他为敌并把他推下去，因此不得不在人前表现成一个非常好的家伙，让别人觉得金钱和名誉对他来说并不重要。然而，作为一个本质上很诚实的人，他隐约觉得自己有点故弄玄虚，这让他很担心会被"揪出来"。澄清这一点足以让眩晕的症状消失，眩晕是他的恐惧转换成的身体症状。

当时他不得不离开当地。我们没有触及他出席公共场合及会见某些客户时会出现的恐惧。我建议他观察在什么情况下他的"怯场"更严重些，什么情况下会减轻一些。

过了一段时间，我收到了他的报告，内容如下。他首先想到的是，当他呈递的案子或者使用的论据悬而未决时，恐惧会出现。但是在这个方向上的探索没有走很远，尽管他很明确地感到自己有一部分是对的。接着，他遇到了一件倒霉事，但是后来有证据表明这件倒霉事其实是件好事，有助于他理解自己。事情的经过是这样的：他在准备一份比较困难的起诉书时有点马虎大意，但是他并不十分担心庭上陈述，因为他知道那天的法官不太苛刻。可是后来他得知原来的法官病了，代班的法官很严格、不易通融。他试着安抚自己说，毕竟第二个法官远远称不上恶毒或者狡猾，但这些话并不能消除他不断升起的焦虑。随后他想到了我的建议，于是试着让自己的大脑随意联想。

首先浮现在脑海中的是一幅画面：一个小男孩从头到脚涂满了巧克力蛋糕。一开始他对这幅画面感到很迷惑，但是接着他回想起来，那个时候他本来是要受到惩罚的，但是侥幸逃过一劫，因为他太"可爱了"，他的妈妈不得不对他的行为一笑了之。"过得去"的主题一直在持续。往日时光中的一些记忆浮现出来：他上学的时候好几次没准备好功课，但最后还是蒙混过关了。接着他想到一位他不喜欢的历史老师，现在仍能体会到那种恨意。老师要求班上的同学以"法国大革命"为主题写一篇文章。交稿后，老师批评他全篇充斥着冠冕堂皇的句子，没有扎实的知识；老师举了他文章中一些这种风格的句子读给大家听，同学们哄堂大笑。比尔感到极度的屈辱。英语老师一直都很欣赏他的风格，而历史老师似乎从不为他的魅力所动。"从不为他的魅力所动"这句话让他吃了一惊，因为他实际上想说"不为他的风格所动"。他忍不住感到好笑，因为"魅力"这个词表达了他的真实意思。毫无疑问，新法官就像那个历史老师，对他的魅力或者他的演说能力无动于衷。就是这样：他习惯于依靠自己的魅力以及他的语言表达能力"通过"，而不做充分的准备。结果就是每一次当他想象这个工具可能会失效的情形时，就会变得非常恐慌。因为比尔并没有被自己的神经症倾向束缚得太深，所以他能够从这样的洞察中得出有实际价值的结果：坐下来，更仔细地准备起诉书。

他甚至走得更远。他认识到在和朋友及女性相处的过程中自己多大程度上也在使用魅力。一言以蔽之，他觉得他们都应该折服于他的魅力，因此就会忽略实际上他并没有在人际关系中投入很多。他把这些发现和我们的讨论联系在一起，意识到他还有一些虚张声势的地方，最后认识到他必须"改过自新，老老实实做人"。

显然在很大程度上他自己有能力做到这些，因为从那之后到现在已经有 6 年时间了，他的恐惧已经几乎消失了。这样的结果类似于约翰克服了头痛问题，但是对他们两个的评价是不同的。如前文所述，约翰的头痛是一个次要的症状，之所以这样说基于两个事实：头痛不频繁也不剧烈，并没有从根本上打扰到约翰；而且头痛也没有承担任何另外的功能。约翰真正的困扰，就像后来的分析中所揭示的，是在另一个方向上。但是比尔的恐惧源自内心重要的冲突。恐惧没有给比尔造成不便，但在他生活中的要害当口，恐惧会搞出大动作干扰到他。约翰的头痛消失了，但他的人格方面并没有随之发生改变，唯一的变化是稍微能够觉察到自己的愤怒。比尔的恐惧消失了，是因为他认识到恐惧源自人格中某些相互矛盾的倾向，而且更重要的是，他能够改变这些倾向。

再回到约翰的例子，收获的结果似乎比付出的努力要大。但再次仔细地检查发现，其间的不一致并没有那么大。比尔的确通过相对少量的分析，不但消除了足以伤害到他长远职业生涯的干扰，而且还认识到了关于他自己的一些重要事实。他发现之前的他一直都戴着假面具出现在自己或者他人面前，他其实有更大的野心，但他不允许自己有，于是试图通过自己的机智以及个人魅力而不是实实在在的工作来满足野心。但是在评价这一成功时，我们必须要记住，比尔与约翰和哈里不同，他的神经症倾向是中度的。他的野心以及他对"通过"的需要没有被压抑得太深，他的人格特质也不是僵化强迫性的。他的人格很有组织，因此一旦他发现了其中的问题，就能够立即做出相当大幅度的调整。严谨科学地理解比尔的状况需要花更多力气，让我们暂时先把这些放在一边，只简单地把他看成这样的一个人：他试图让生活变得对他来说轻而易举，而当他发现自己的方法行不通时，他有能力做出调整以生活得更好。

比尔的洞察足以去除某些显而易见的恐惧。但即便是这样最成功的快捷方法中，也还有许多问题有待探索。被人从桥上推下去的噩梦到底有什么样的意义？对比尔来说，是不是一定要独自处于领先地位？是不是他想把别人推下去，因为他无法忍受任何竞争？那么他是否因此感到害怕，害怕别人也可能对他做同样的事？他害怕站在高处只是因为害怕丧失已有的地位，还是也害怕从一个虚假的、优于别人的高处跌落——就像此类恐惧症通常的情况那样？还有，为什么他呈交的工作量与他的能力和雄心不相称？他这样的懒惰只是因为野心被压抑，还是他感到如果做了足量的努力就会有损于自己的优越感——因为只有普通人才必须更加努力？而且，为什么在与别人的关系中他投入的这么少？是他太专注于自己——或者说太轻视别人——以至于体验不到更多自然而然的情感迸发吗？

是否有必要继续研究所有这些补充问题，从治疗的角度来看是另一码事。在比尔的例子中，已完成的少许分析有可能带来的影响，要比只是移除明显的焦虑更深远。有可能分析启动了某种可称为"良性循环"的东西。认识到自己的野心并投入更多的努力，实际上他会在更现实及更坚固的基础上实现自己的抱负。这样他会感到更安全，不那么脆弱，不那么需要虚张声势。拿掉假面具后，他会感到更自由、更少受限制，不那么害怕被揪出来。所有这些因素可能都会在相当程度上深化他与别人的关系，而这样的改善反过来也会增加他的安全感。这样的良性循环甚至可能在分析还没有完成的时候就已经启动了。如果分析已经查找到了所有这些未触及的含义，那么它几乎必定会产生这些效果。

最后一个例子仍然离真实神经症很远，可以说是越来越远。这个例子中要分析的失调状况主要是由实际情景中的真实困难引起的。汤姆是一位助理医生，跟随着一位主治医生积累经验。他对自己的工作很有兴趣，上级医生也很喜欢他。他们之间发展出了一种真诚的友谊，经常一起吃午饭。一次，他们像平常一样一起吃完午饭；饭后汤姆有点轻微的胃部不适，他觉得是食物的问题，也就没有多想。接下来的一次午间正餐，他还是和他的上级医生一起吃的，饭后他感到恶心想吐、眩晕无力，比第一次严重多了。他去做了胃部的检查，没有发现任何器质性病变。接着又发生了第三次，这次还出现了对臭味敏感，强烈到令人痛苦。只是在第三次午饭后，他才突然意识到，每次不适都是出现在和主管医生吃完饭后。

实际上，最近和主管医生在一起时他总是觉得不自在，有时不知道要跟他说些什么，而且他知道原因在哪里。他的研究工作带领他前进的方向和主管的信念相互对立。最近几周，他对自己的发现越来越肯定了。他本想和主管谈一谈，但莫名其妙地就总也抽不出时间来。他明知自己在拖延，主管他老人家在学术问题上相当刻板，不太容易接受不同意见。汤姆把他心中的担忧搁置一旁，告诉自己说，只要好好跟主管谈一谈，什么事情都会解决的。如果胃部不适和他心中的恐惧有关，那么汤姆自己推理，他真实的恐惧一定比他意识到的要大得多。

他感觉一定是这样的，同时也找到了两个证据。一个是当他想到这些时，突然感到不舒服，和午餐后的感觉一模一样；另一个是，同样也非常突然地，他意识到是什么东西引起了他的反应。第一次出现不舒服感觉的那次午餐中，主管贬低并斥责汤姆的前任忘恩负义。他表达了对这些年轻小伙子的愤恨，他们从他这里学到很多，然后就离开了他，离开后甚至都不愿与他在学术问题上保持联系。在那一刻，汤姆意识里只能感到对主管的同情。他明知道，实际上主管无法忍受前任走自己独立的道路，但他压抑了自己的想法。

如此一来，汤姆知道，是他自己闭上眼睛不去看眼前的危险，同时他还认识到自己恐惧到什么程度。他的研究工作正在为他和主管的友谊带来真正的危险，因而也为自己的职业生涯带来危险。老人家可能真的会与他为敌。他对这个想法感到有点恐慌，犹豫着是不是再检查一遍自己的发现会比较好——甚至忘掉这些发现。这个念头一闪而过，但瞬间让他明白了这是他的学术诚信和职业生涯紧急危机之间的冲突。压抑自己的恐惧是一种鸵鸟政策，目的是为了暂时可以不做决定。有了这样的洞察，他感到一阵轻松自由。他知道这是一个艰难的抉择，但毫无疑问，他要坚持自己的观点。

讲这个故事不是要作为自我分析的例子，而仅仅是为了说明有时候诱因是多么不直接。汤姆是我的朋友，是一个心理平衡性好得出奇的家伙。但即便是他，也可能有某种隐藏的神经症倾向，比如要去否认自己有任何恐惧，但这并没有让他变成一个神经症性的人。可能有人会提出反对意见说，他无意识里逃避做决定这一事实正好反映了他有深层次的神经症性失调。但是健康心理和神经症之间本就没有清晰的界限，因而更可取的做法是看你要强调哪一部分；至于汤姆，实际上把他视为一个健康人就好。他的这一段经历就展现了一种情景性神经症，也就是一种主要因为特定情境中的困难而引起的神经症性不适，一旦涉及的冲突在意识中被面对、被解决，这种不适就消失了。

尽管事实上我们对于每一个例子中最后取得的成果都做出了一定程度批判性的评价，但是放在一起看，它们还是有可能给人留下过于乐观的印象：认为偶尔为之的自我分析大有可能，认为获得洞察容易到唾手可得，认为一个人随随便便就能获得珍贵的东西。为了传递出更适切的印象，在这 4 个或多或少都算成功的例子之外，应该再多些补充内容：概述一下 20 多个失败的努力，他们都没能迅速抓住某些心理失调的含义。清楚地表达这样一个谨慎的保留意见在我看来很有必要，因为一个无助的、被自己的神经症倾向深深困扰的人，会倾向于明知没有奇迹却还心怀妄想。必须要清楚地知晓，不可能通过偶尔为之的自我分析治愈一种严重的神经症，或者治愈其最重要的部分，其原因在于：神经症性人格不是各个失调因素零零碎碎混在一起的混合物(借用格式塔心理学派的表达),而是具有一种结构,其各个部分之间错综复杂地紧紧联系在一起。通过偶尔的自我分析有可能在这里或者那里抓住一个孤立的联系,马上就理解了一种紊乱所涉及的各个因素,从而移除一个外围症状;但是要从本质上改变它就必须要修通整个结构,也就是说,需要更系统的分析。

因此,偶尔为之的分析就其本质而言,对全面的自我认知有贡献,但并不多。就像前3个例子所显示的那样,原因在于没有沿着已有的洞察继续工作。实际上,每一个澄清了的问题都自然而然会引出新的问题。如果这些自显现的引子问题没有被捡拾起来,那么洞察就一定是孤立的,相互之间没有联系。

作为一种治疗方法,偶尔为之的自我分析对于情境性神经症完全够用。此外,对于轻微神经症,它也能产生令人非常满意的结果。但是对于更复杂的神经症,它仅仅是一场冒险,最好的结果也不过是释放一些存在于这里或那里的紧张,或者随机地阐述一下这个或那个失调的意义。

第七章　系统性的自我分析：预热

从表面上来看，单凭更高的工作频率这样一个事实，就足以把系统性的自我分析区别于一个人偶尔为之的自我分析：起始都是因为想要解决特定的困难，但不像偶尔为之的自我分析，系统性的自我分析会一遍又一遍地重复分析过程，而不是仅仅满足于一个孤立的解决方案。这种区分，当然从形式主义的角度来说是正确的；尽管如此，它却还是忽略了两者本质的区别。如果特定条件没有满足，那么反复循环的自我分析也可能仍然只是停留在偶然性自我分析，而非系统性自我分析。

更高的频率是系统性自我分析的一个判别因子，但只是其中一个。更重要的是连续性，持续追踪和研究问题；前文中列举的偶然性分析的例子中，强调了在这方面存在欠缺。然而，这要求的不仅仅是对自显现的引子问题进行小心仔细地挑选和详细阐述。前文列举的例子中，每个满足于已有成果的人，也绝不是因为流于表面或者疏忽大意。超越唾手可得的洞察继续前进，必然意味着要遭遇"阻抗"，要把一个人自己暴露于各种各样痛苦的不确定性和伤害当中，还要让他和这些反对势力进行较量。这就需要偶然性分析中所不具有的一种精神。偶然性分析的动机源于显而易见的失调带来的压力，以及想要消除它们的愿望。而系统性分析，尽管开始也是由于同样的压力，但终极驱动力来自一个人决定要认真对待自己的顽固意愿，来自成长的愿望以及不愿放过任何阻挡其成长的东西的精神。那是一种对自己不留情面的坦诚精神，只有在这种精神的照耀下，一个人才能成功地发现自己。

当然，有坦诚的愿望不等于就能做到坦诚。可能经过好多次尝试都达不到这个理想。然而有一点可感安慰的是，事实上如果一个人对自己来说一直都是坦诚到透明的，那么也就没有分析的必要了。而且，如果他能够一定程度上坚持不懈、持之以恒，那么他坦诚的能力也会逐渐增加。每跨过一道障碍，都意味着在自身内部开拓了更大的疆域，也因而可以带着更大的内在力量去接近下一道障碍。

如果不知道要怎么做，那么一个人在分析自己的时候，尽管可能很认真负责，也可能会带着某种虚假的激情。比如，他可能会决定从现在开始分析自己的每一个梦：根据弗洛伊德所言，梦是通往无意识的捷径。这句话依旧正确，但不幸的是，一个人如果没有全面掌握外围的知识，是很容易迷路的。所有想对解析梦境小试牛刀的人，如果不懂得当时自身内部有哪些因素在运作，那么他的分析就只是毫无计划、漫不经心的闹剧。解释就可能沦为智力上的臆测，哪怕是梦本身似乎并不难懂。

再简单的梦也可以有很多种解释。比如，如果一位丈夫梦到自己的妻子死掉了，那么这个梦可能表达了无意识的恨意；也有可能，梦意味着他想和妻子分开，但由于他觉得自己没办法迈出这一步，那么她死掉似乎是唯一可行的方法；在第二种情况下，梦主要不是在表达恨意。或者还有可能，梦是一种死亡愿望，转瞬即逝的愤怒激起了这种愿望，愤怒被压抑，于是在梦中寻求表达。三种解释提示出的问题各不相同。第一种解释里，问题是为什么有恨意，为什么压抑了恨意；第二种解释里，问题是为什么梦者没有找到更恰当的解决方法；第三种解释里，问题是什么样的真实情景激起了愤怒。

再举一个例子，这是克莱尔的一个梦，那段时间她正试着解决她对男朋友彼得过度依赖的问题。她梦到另一个男人双臂环抱着她，说爱她。克莱尔被他吸引，觉得很高兴。彼得也在房间里，正看着窗外。可能你立刻就会觉得这个梦在提示克莱尔的心意正从男友那里转向另一个男人，这样的话，梦就是冲突情感的表达；或者，它可能表达了一个愿望，希望彼得也像这个男人一样善于表达情感；又或者，梦代表了一种信念：离开男友转向另一段恋情会解决她病态依赖的问题：如果是这样，梦就代表着试图逃避、不愿真正解决问题。也可能梦表达了这样的愿望：仍然和彼得在一起，但还可以多有一个选择，而由于她对彼得如此依赖，所以她实际上并没有这个选择。

如果在理解一个人方面已经有一些成果，那么梦可以提供证据以证实或者证伪某个假设；梦可能会填补认知上的空白；或者它可能会提出新的出乎预料的线索。但是如果画面被阻抗弄得模糊不清，那么梦也不大可能澄清真相。梦可能会澄清，但也可能与未辨识的态度杂乱地交织在一起，共同贬低解释、增加混乱。

当然，这些警示不应该打消大家试图为自己释梦的念头。比如，约翰关于臭虫的梦就的确帮他理解了自己的感受。除了其他同样具有价值的观察结果，小心不要掉进陷阱里只是在专注于梦的过程中要注意的其中一个方面。提醒注意相反的一个方面也同等重要：我们常常有一种强迫性的意愿，不想认真对待梦，而且梦有时极其怪诞可笑或者夸张，可能会让人更容易忽视它所传递的信息。所以我们可以看到，下一章中将要讨论的第一个梦是与克莱尔的自我分析有关的，实际上是在用一种足够清晰的语言描述她与爱人关系中的严重混乱，但她总是对之掉以轻心，原因在于她有非常迫切的缘由，不想让自己被梦的含义触动。实际上，这种情况在分析中并不少见。

因此，梦是很重要的信息源泉，但也只是众多源泉中的一个。后面我不会再回到释梦这个主题上，除非在案例中，所以我想在这里再多啰嗦一些，说一说两个原则，如果你能牢记在心，一定会非常有用。一个原则是，梦并非精确、静止地描述感受或者想法，而主要是在表达一种倾向。的确，梦中可能会比醒着的时候能更清晰地显示我们真实的感受：爱、恨、怀疑或者悲伤的感觉可能会在梦中冲破约束，被我们感受到，而在其他时间它们都是被压抑的。但是就像弗洛伊德说过的，梦最重要的特点是它们受控于一个人充满愿力的想法。这不一定是说它们代表了意识中的愿望，或者它们直接象征着我们以为自己想要的东西。"充满愿力的想法"更像是在说为了某种目的，而不在于其明确的内容。换句话说，梦在为我们的努力、愿望代言，常常代表着我们为解决冲突所做的努力，当时那些冲突让我们烦恼不已。梦更像是情绪力量的角逐，而不是事实的陈述。如果两种强有力的却相互冲突的愿望撞在一起，就会带来焦虑的梦。

因此，如果我们梦到我们意识层面非常喜欢或者尊敬的人，变成了令人讨厌的或者可笑的人或某种生物，我们应该去找找看有什么样的愿望驱使着我们去打压那个人，而不是直接跳到结论说梦揭示我们对那个人有意见却不说。如果一个病人梦到自己是一座破烂不堪、已经无法修补的房子，当然这可能在表达他的绝望感，但主要问题是他为什么要用这样的方式呈现自己。是否这种失败主义的态度不太会给他人造成伤害，所以令他满意？这是否表达了他的一种怀有恨意的责备，揭示了他这样的感受：他一直依靠自己，而那个意识中喜欢或尊敬的人之前早就应该为他把一些事做好，但是现在已经太迟了？

第二个要在这里提到的原则是：除非我们能够把梦和激发梦者做梦的现实刺激联系在一起，否则就没法理解梦。比如，只是概括性地说发现梦中有贬损的倾向或者报复性的冲动，这是不够的。梦在回应什么样的刺激？始终不要忘了问这个问题。如果发现了这样的联系，关于到底什么样的体验对我们来说意味着威胁或者冒犯，会引发什么样的无意识反应，我们就能够了解得更多。

下面所讲的另一种自我分析的方法，比起只片面专注于梦的方法，会更少具有人为的痕迹，但是似乎可以说是太莽撞。

一个人能够直面自己人生的动机，通常来自他认识到某种明显的紊乱妨碍了自己的幸福或者效率，比如反复出现的抑郁情绪、慢性疲劳、慢性功能性便秘，总是很害羞、失眠，一直以来都很抑制，不能全身心投入在工作中等。他有可能去尝试着正面突破这些紊乱，比如发动一场"闪电战"。换句话说，他可能试着去发掘什么样的无意识因素造成了他目前的困境，而不大愿意去了解自己的人格结构。其结果，最多也就是一些可被意识到的问题会浮现在他的脑海中。比如，如果他的特定困扰是在工作方面很抑制，他可能会问自己这样的问题：是不是自己太有野心了？是否对工作真正感兴趣？是否他把工作视为职责而私下里很不想做？如果这样分析，他很快就会卡住，并得出结论说精神分析一点用都没有。但其实是他自己错了，不能归罪到精神分析头上。对于心理方面的问题，"闪电战"不但绝不是一个好方法，而且在毫无准备的情况下其实什么目的都达不到。这就像是开战之前不对准备袭击的范围做任何侦查工作。部分原因是，人们对心理问题的无知仍然很严重、很普遍，所以可能任何人都会选择这样没有出路的捷径。这是一个人，在他身上，奋斗、恐惧、防御、幻想，各种极其复杂的洪流交织在一起；他没有办法专心工作是所有这些因素造成的一种最终结果。而他却相信，自己能够通过正面交锋直接行动除

掉这个结果，就像关掉电灯开关一样简单！某种程度上，这种
期待是基于充满愿力的想法：他想要迅速拿掉干扰自己的障
碍；他一心认为只要摆脱了这个悬而未决的烦恼，一切就都好
了。他不愿面对这样的事实：如此显而易见的困境其实只是在
提示他，在他与自己及他人的关系中，存在一些根本性的
问题。

当然，去除显而易见的失调对他来说很重要，而且他当然
也不应假装对失调症状不感兴趣，人为地不去想它。但是，他
最好能把它当作思考的背景，相信最终一定会探索到。他必须
在对自己的了解非常清楚之后，才能大体明白自己具体的障碍
到底有什么样的本质。随着他这方面的认知不断积累，只要他
对自己的发现保持警觉，就渐渐会收集到与失调相关的各种
因素。

在某种意义上，这些失调可以直接研究，可以从观察失调
的轻重缓急周期当中了解它们。所有的慢性失调症都不可能一
直很剧烈，总是会时急时缓。一开始，人可能会忽视那些导致
症状起起伏伏的条件。他可能深信没有什么潜藏的原因，这些
变化是症状本身的"特征"。通常情况下，这种信念是一种谬
误。如果仔细观察，他会发现这样或者那样的因素会让情况好
一些或者糟糕些。一旦他对这些起作用的因素的本质特征有了

一些头绪，下一步他的观察力会更加敏锐，逐渐地他就获得了相关状况的整体印象。

这些考虑总结成一句话就是：如果你想要分析自己，就不能只研究明显突出的内容——这是一条朴素的真理。你必须抓住每一次机会，去和那个你熟悉的或者陌生的自己相遇，越来越了解你自己。顺便说一下，这种说法不是比喻，大多数的人都对自己知之甚少，逐渐才会明白自己之前的生活是多么蒙昧无知。如果你想要了解纽约，仅仅停留在帝国大厦是不行的；你要去下东区走走、要漫步于中央公园、要乘船环游曼哈顿、去搭乘第五大道公车等，还有很多很多。能让你与自己日益相熟的机会将自动呈现，如果你真的想要去熟悉那个住在你身体里的家伙，你就能够看见。你会惊讶地发现，有些时候并没有什么明显原因，你就被激怒了：有时你无法下定决心，有时你很无礼但其实并不想这样，有时候你莫名其妙地没有食欲，有时候你又吃个不停，有时候你没办法坐下来回一封信，有时候你忽然很害怕独处时被周围的嘈杂所惊扰；你做噩梦，你感到受伤或者屈辱，你没办法要求加薪或者表达批评。所有这些不断涌现的观察结果，代表了各种各样的入口，通往关于你自己的未知之地。你开始好奇——这也是所有智慧的开端——并通过自由联想试着了解所有这些烦乱的情绪到底代表着什么含义。

观察、联想以及由此而激发的问题是原始材料，而针对这些材料的后续工作才耗费时日，就像每一个分析中所做的工作。在一个专业的分析中，每天或者每两天会留出固定的一小时来进行分析。这种安排是权宜之计，但也有其确切的内在价值。有轻微神经症倾向的病人，可以只在他们遇到麻烦想要讨论困难的时候再去找分析师，这并没有什么不好。但是如果病人处于严重神经症的关键时期，若建议他只在想去的时候再去找分析师，那么一旦他有强烈的主观愿望不想去，也就是说，他发展出了"阻抗"，他就可能不去。换句话说，当他实际上最需要帮助或者最可能有收获的时候，他可能会离开。定期有规律地进行分析还有另外一个原因：必须保持某种程度的连续性，这对所有分析工作都很重要。

保持规律性的两个原因——不被阻抗欺骗以及必须维持连续性——当然也同样适用于自我分析。但是我有点怀疑，在自我分析中保持定期一小时这个规律适不适合这些目的。专业分析和自我分析的区别不应该被轻视。一个人对分析师信守约定比起对自己守约要容易得多，因为对于前者，他很愿意这么做：他不想表现得不礼貌；他不想被人责怪说自己因为"阻抗"才不来；他不想失去那一小时可能会对自己具有的价值；

他不想浪费那付费的一小时。这些压力自我分析中都没有：许多看起来或者实际上不允许推迟的事情，都可能会打断为分析所预留的时间。

为自我分析定期预留时间不太可行还有一些内在的原因——这些原因和阻抗的主题相去甚远。一个人可能想利用晚饭前的半个小时空闲来想想他自己，而觉得在预先安排好的离家上班前的一段时间做这件事很讨厌。或者他可能一整天都找不到时间，却发现在晚上散步时或者入睡前的联想最有启发。从这一点来看，甚至定期约见分析师都是有些弊端的。病人不能在他觉得特别迫切或者特别想要和分析师谈一谈的时候去找他，而是必须在约定好的时间来到分析师的办公室，甚而此时他自我表达的热情已经褪去。由于外部环境，定时分析的这些不利条件几乎没有办法去除，但并没有充分的理由在自我分析中仍这样做，自我分析中并没有这样的外部环境。

自我分析中还要反对的一个僵化之处是把这个过程变成"任务"。"必须"的意味会剥夺自我分析的自发性，而这是其最珍贵、最不可或缺的元素。一个人在不想锻炼时还强迫自己坚持完成每天的任务并不会有多大坏处，但在分析中，无精打采、不情不愿会让人做无用功，从而一无所获。并且，这种危险也同样存在于专业分析中；但在专业分析那里，这个问题可以通过分析师对病人的兴趣以及这是一项常规工作这一事实而得到处理。在自我分析中，由于过分强调规律性而带来的不情不愿和消极怠工不太容易处理，而且很可能会让整个分析事业有始无终。

因此在分析中有规律的工作不是目的本身，而是方法，为了达到这两个目的：保持连续性和应对阻抗。病人要一直践约去分析师的办公室，所以阻抗一直都存在；只要他一直去，分析师就能够帮他理解有哪些因素在起作用。不能连续地严守时间，就无法保证他不会从一个问题跳到另一个问题，而仅仅收获一些不连贯的洞察；确保连续性只是为了能够完成日常工作。在自我分析中也一样，这些要求很重要，我会在后面的章节谈一谈如何通过有意义的方法来保证连续性。这里最重要的是，不需要一个僵化的时间表来约定自我分析。如果分析中的某种不规律性让一个人回避了某个问题，那个问题也不会放过他。就算是要付出时间的代价，最明智的做法也还是听其自然，直到有一天他自己觉得最好还是去探索它。自我分析应当像一个好朋友一样，让我们能够向他寻求帮助，而不是像班主任那样追着我们要求每天都要品行良好。当然不用说，我们建议不要强迫性地设定规律并不意味着就可以随随便便。就像是如果想要一段友谊在我们的生命中有意义的话，那我们就要去经营它；想要从分析工作中获益，我们就必须严肃认真地对待它。

最后，不管一个人多么真诚地说，他是把自我分析视为自我发展的帮手而不是什么快速起效的灵丹妙药，他想要从现在开始直到生命终结，一直坚持不懈地进行自我分析，其实他的决心也没有多大用处。一定会有一些时段，他会针对一个问题集中进行分析，就像下一章中将会描述的那样；但也一定有一些时段，他针对自己的分析工作会退居幕后。他会继续观察一个接一个令人吃惊的反应，并试图去理解这些反应，由此来保持自我认识过程的连续，但强度会明显减弱。他可能全神贯注于个人工作或者集体活动中，也可能忙于处理外部生活的艰难困苦；他可能集中精力建立一个又一个的人际关系，也可能只是有点厌倦自己的心理问题。在这些情况下，纯粹生活的过程就比分析更重要，生活在按照自己的方式帮助一个人成长。

自我分析和与分析师一起工作，在方法上没有什么不同，主要的技术都是自由联想。这个过程在第四章已经详细讨论过了，与自我分析特别相关的某些部分，我会留待第九章再来讨论。在与分析师工作的过程中，病人要报告所有出现在脑海中的内容，而在自我分析中，他首先只需要记下他的联想内容。他只在脑海中记下来或写在纸上都可以，根据个人喜好。有些人要通过写下来才更能集中注意；有些人觉得写下来会分神。在第八章所引用的范围深广的例子中，有些自由联想链要记下来，有些当时就只需要注意一下，后面再写下来。

毋庸置疑，把自由联想写下来有一定的好处。一则，几乎每个人都会发现，如果他习惯于对每一个联想都写个便条或几个关键词汇，那么他的思绪就不那么容易抛锚。至少，他会很快就注意到自己抛锚了。也或许，当白纸黑字写下来，想要把某个想法或者感受当作不相关内容而跳过去的诱惑就减少了。然而写下来最大的好处，莫过于让你以后有机会回头再去彻底检视记下来的内容。经常出现的情形是，一开始你可能会漏掉某个联系的重大意义，而后来再次细细思考当时写下的内容时才会注意到。一些还不那么牢靠的发现或者未解之谜常常很容易被忘掉，重新思考会把他们再捡起来。或者，他会用另外的视角来看之前的发现。或者，他可能会发现并没有取得什么明显的进步，本质上仍然停留在几个月之前的那个点上。鉴于后面这两种情形，那么明智的做法就是，简单记下已有的发现，连同你找到这些发现的主要思路也一并记下来，哪怕你是在没有记录的情况下获得这些发现的。记录面临的最大难题，即思绪要比笔尖快这一事实，这也是可以补救的，你只要记下几个关键的提示词就可以了。

　　如果大多数的工作都用书写这种方式完成，那么不可避免地就要和记日记比较比较，详述这两者之间的异同也有助于明晰分析性工作的某些特点。尤其当日记不仅仅报告实际发生的事件，而是怀着更深的目的想要真实地记录与一个人的情感体验和动机的时候，分析中的书写和日记的相似之处就显现出来。但两者还是存在着显著的差别。日记，最好也不过是诚实地记录意识中的感受、想法和动机，其中或许会有启迪意义的内容，但更多的是不为外部世界所知的情感体验，而不是不为作者本人所知的体验。卢梭在他的《忏悔录》中为自己诚实地暴露了受虐狂经历而自豪，但其中并没有揭示任何他自己不知道的事实：他只是报告了一些自己平时隐藏的秘密而已。另外，在日记中，如果有对动机的搜寻，顶多也就是几个随意的猜测，作用微乎其微，通常情况下都不会尝试着潜入意识层面以下。例如，《一个男人的陌生生活》中的卡伯特森坦诚地报告了他对妻子的不耐烦和喜怒无常，但对可能有什么样的原因却丝毫未提及。这些评论并不是在暗中诟病日记或者自传。它们自有其价值，但与自我探索有本质上的区别。没有人能够一边创作关于自己的故事，一边让自己的大脑处于自由联想中。

　　还有另一个区别，这在实践中很重要，所以值得一提：日记常常用眼角余光瞥一瞥未来的读者，不管这个读者是未来某个时刻的作者本身还是更广泛的受众。然而，任何这种对未来读者的考虑，不可避免地减损了原始的最纯粹的诚实度。那么，不管是无心还是刻意，所写的人必定会稍加润饰。他会完全忽略某些因素，缩小他的缺点或者将其怪罪于他人，或者保护其他人免于曝光。当他记录联想时，哪怕只是最微不足道地偷偷想象有一位欣赏他的读者，或者想要创作一个绝无仅有的杰作，同样的事情也会发生。那么所有这些会破坏自由联想价值的错误他都会犯。不管他在纸上写些什么，目的应该只有一个，那就是认识他自己。

第八章　一例病态自恋的系统性自我分析

即使描述得再多、呈现得再详细，也无法充分传递出靠近以及理解自己这个过程的准确全貌。因此，我们就不再详细讨论这个过程了，下面我会给出一个自我分析的例子，它涵盖的问题非常广泛而深入。本例是关于一个女人对一个男人的病态依赖，因为各种原因，这样的问题在我们的文化中还比较多见。

只把这种病态依赖看作寻常的妇女问题，描述出来的情境就够有意思了；但是其重要性延伸到了女性领域之外。不知不觉地，从更深层的感觉上毫无理由地依赖另一个人，这个问题几乎对每一个人来说都不陌生。大多数人都会在生命的某个时期涉及这个问题的某个方面，通常我们也不外乎就像克莱尔那样，在开始分析时才发现它的存在，而且都是掩盖在"爱"

呀、"忠诚"呀这些优美的词汇下面的。依赖之所以这样常见，正是因为它似乎为我们的很多问题提供了一个方便而又充满希望的解决方案。然而，在我们变得成熟、强大、不依赖他人的道路上，它设置了巨大的障碍；它允诺的幸福基本上是虚假的。因此，对于每一个以自力更生与和谐人际为盼的人来说，深入研究一下依赖行为的某些无意识内涵可能会很有意思，也很有帮助，即便是部分偏离了自我分析主题也无妨。

本例中要讲到的遇到这个依赖问题并自己进行处理的女性，就是克莱尔，谢谢她愿意让我在这里引用她成长进步的故事。她的背景及分析进展程度前面已经大致描述过了，因此我可以省掉很多说明，否则这些是必须要交代的。

但是我报告这个案例最主要的原因，既不是因为我自己对所呈现的问题有发自内心的兴趣，也不是因为我们已经了解了克莱尔的一些信息，这一节的分析也并非精彩和圆满。真正的原因在于，在报告中清楚地显示了一个问题是如何被逐渐发现和解决的，以及在这个过程中有哪些失误和不足。实际上，报告中所显示的失误和不足对于进行讨论来说足够清楚也足够典型，让我们可以从中吸取教训。几乎不用强调，这个例子展现的过程和其他神经症倾向的分析过程在本质上是一样的。

这个报告没办法以其原始的形式呈报。一方面，必须要针对原始的形式再做进一步详细说明，因为大多数的素材都只是些提示词；另一方面，又要缩减一些内容。为了简洁起见，我省略了重复的部分。同样，我只节选了紧密围绕以及直接指向依赖问题的部分，而省略了之前处理人际关系的分析过程，因为那些过程最后都走进了死胡同。继续推进这些没有多少成效的尝试可能也会蛮有意思，但这些额外增加的考虑因素不足以成为增加本书篇幅的理由。另外，对于阻抗阶段，我也只做了简短的评述；换句话说，这里呈报的案例全部都只是在处理这个特别分析进程的最重要的部分。

我会先进行概述，之后再详细讨论分析的每一个部分。在讨论的过程中，有几个问题请始终牢记在心：这些发现有什么含义？有哪些因素是克莱尔当时没有看到的？是因为什么样的原因没有看到？

几个月以来，克莱尔的自我分析一直都没有太大的收获。一个星期天早上，克莱尔醒来时心情很不好，可以说是非常恼火，因为一位作者没有信守承诺把他的文章提交给克莱尔担任编辑的杂志。这已经是这个作者第二次中途变卦而让克莱尔陷入窘境了。一个人竟然可以这么不可靠，可真是让人受不了。

很快，她就发现自己的生气似乎太过火了，这让她有些震惊。整件事情似乎根本没有重要到必须要在凌晨5点钟醒来。

单纯只是认识到自己的生气和所谓的刺激之间不相匹配，就让她很好奇自己这么生气到底是为什么。真正的原因也与某些人的不可靠有关，但却是另外一件更让她挂心的事情。她的朋友彼得前几天出城去办事，说好周末回来却没有回来。准确地说，他并没有确切地向她保证过，只是说有可能周六回来。她对自己说，彼得对所有事情都不确定；彼得总是唤起她的希望，然后又让她失望。前一天晚上她感到很疲倦，她归结为工作太辛苦，其实一定是因为太失望了她才有这样的反应。她本来答允了一个晚餐邀约，后来因为希望和彼得共度良宵就取消了；后来彼得却没有回来，剩下她独自一人，于是她去看了场电影。他们没办法定下任何约定，因为彼得讨厌提前确定时间。结果是有很多个夜晚，她都尽可能地空出来，然而却总是怀着忐忑不安的心情在想，今夜他会不会来？

想着这些情景的时候，同时有两段回忆浮现在克莱尔的脑海中。一段是关于一件往事，是她的朋友艾琳几年前告诉她的。当时艾琳正和一位男士陷入一段充满激情也相当幸福的关系中，在此期间，艾琳患上了严重的肺炎。当她康复后，她惊讶地发现自己对那位男士的感觉全部都消失了。那位男士还试着想要继续这段关系，但他对她来说已经毫无意义了。另一段回忆与一部小说中的一个特殊场景有关，在青春期她曾对这段场景印象深刻。小说中，女主角的第一任丈夫从战场上归来，期待自己的妻子会欣喜万分地欢迎自己。实际上，他们的婚姻已经因为冲突而出现了裂缝。丈夫不在家的这段时期，妻子的情感起了变化。她并不期盼他的归来，他对她来说已经是一个陌生人了。她只感到深深的愤怒，他怎么能如此专横地期待她会爱他，仅仅因为他选择了要她——就好像她以及她的情感不名一文。克莱尔禁不住想到，原来这两段联想表明了一个愿望——希望自己有能力离开彼得。她把这个愿望和自己的生气联系在一起，但是她又对自己说，我不会这么做，因为我这么爱他。这样想着，她又重新入睡了。

克莱尔发现自己的生气是因为彼得而不是那个本应供稿的作者时，她对此做出了正确的解释，而且她关于那两个联想的解释也正确。但是尽管正确，就像以前一样，这些解释缺乏深度。关于她对彼得心怀怨恨的力量，她没有任何感觉。因此，她把全部的情绪爆发仅仅看作短暂的委屈，这样就太轻易地丢弃了自己想与彼得分开的愿望。现在回顾起来，显然那个时候她还太依赖彼得，不敢承认对彼得的怨恨或者自己有了想要与他分离的愿望。但是当时她一点也不明白自己对彼得的依赖。对于表面上的轻松，她归功于自己克服了对"所爱"之人的愤怒。这个例子很好地说明了这样一个事实：一个人从联想中收获多少，取决于当时她自己能够承受多少，尽管就像这个例子中，联想在用一种近乎准确无误的语言表达含义。

克莱尔对于联想含义的基本阻抗解释了为什么她没能提出联想已经暗示了的某些问题。比如，很重要的是，两段回忆不但大体上都包含了分离的愿望，还暗示了一种非常特别的分离方式：在两种情形下，都是女人没有感觉了而男人仍然需要她。后面我们将会看到，这是克莱尔能够设想的一段痛苦关系的唯一结局。无法想象克莱尔会主动离开彼得，因为她很依赖他。而彼得有可能会离开她这种想法，会激起克莱尔深深的恐惧，尽管有太多理由证明，她其实在内心深处觉得，虽然她紧紧地抓着彼得，但他并不真的想要她。对此，她的焦虑如此深重，以至于花了非常多的时间才认识到她非常害怕的这个简单事实。这对她来说太难以承受了，以至于就算她发现了自己害怕被抛弃，她仍然紧闭双眼，假装看不见彼得想要离开她这个显而易见的事实。她想起的两个片段都是女人自己拒绝了男人，据此克莱尔不仅暴露了想要自由的愿望，还暴露了想要报复的愿望；这两个愿望都深埋于心，都指向一个还没有被发现的束缚。

还有一个她没有提出来的问题是，为什么她对彼得的怒气花了整整一个晚上才冲破防御进入意识，而且即使那样，为什么一开始要通过转移到稿件作者身上这种方式来掩藏自己真实的想法。当她充分认识到自己对彼得没有回来充满了失望后，她却压抑了自己的憎恨，这更加令人震惊。另外在这种情形下，怨恨其实应该是一个很自然的反应，而且绝不允许自己对任何人生气并不是她的性格；她常常对人生气，尽管她的典型方式是把愤怒从真正的根源转移到一些琐事上。但是要提出这个问题——尽管看起来只是例行公事——就一定意味着要提到下面这个主题：为什么与彼得的这段关系如此岌岌可危，以至于任何可能干扰到的因素都必须被排除在意识之外。

在克莱尔如此这般设法从意识中摆脱了整个问题之后，她又再次睡着了，并做了一个梦。梦中她身处异国他乡的一座城市中，那里的人们讲着她听不懂的语言；她迷路了，那种迷失茫然的感觉非常清晰；她所有的钱都留在行李箱中，而行李箱寄存在火车站。接着，场景变换，她来到一个集市上；集市里有种不真实的感觉，她看到有赌博机，还有一个怪异的表演正在进行；她正在骑旋转木马，木马越转越快，她开始害怕起来，但她没办法跳下来。然后，她又随着波浪漂浮，醒来后她体验到一种疯狂和焦虑混合在一起的情绪。

梦的第一部分让她想起一段经历，那时她还在青春期，曾经到过一个陌生的城市；她忘记了入住旅店的名字，还迷了路，就像梦中那样。她还想到了前一天晚上的情景：她看完电影回家，也有类似的这种迷失的感觉。

赌博机和怪异表演，她觉得与之前想到的彼得作出承诺却不守信有关。这些地方同样也有极好的承诺，人们也通常在这里上当受骗。另外，她认为怪异表演表达了她对彼得的愤怒：他是个怪胎。

真正让她惊讶的是，梦中那种深深的迷失的感觉。但是，她很快就通过解释消除了这种感受，她告诉自己这些愤怒和迷失的感受只不过是夸大了的对失望的反应，毕竟梦表达感受的方式是很奇怪的。

的确，梦把克莱尔的问题翻译成了一种奇怪的语言，但并没有放大她情感的强度。甚而，假如梦的确有显而易见的夸大成分，那么仅仅那样就想完全解释也是不充分的。如果有夸大，就必须检查这些夸大。什么样的倾向提示有夸大？有没有可能实际上不是夸大，而是对一些还没有意识到的情感体验、含义及强度的恰当反应？是不是这种体验在意识层面和无意识层面的含义截然不同？

据克莱尔后来的发展来看，后一个问题在当时情况下可能更切题。实际上，就像在梦中以及之前的联想中感觉到的那样，克莱尔觉得自己很糟糕，迷失了，充满了愤恨。但是因为

她仍然紧紧抓住必须要有一段亲密关系这种想法，所以没办法
接受这样的领悟。出于同样的原因，她忽略了梦中把所有钱都
落在寄放于火车站的行李箱中那一部分。这一部分可能是对某
种感受凝缩的表达，她觉得自己把一切都投入彼得身上，火车
站象征着彼得，同样也饱含着某种转瞬即逝、冷漠无情的感
觉，不同于家所具有的温暖和永恒的感觉。克莱尔不愿去想为
什么梦伴随着焦虑感结束，她也就把另一种令人惊讶的情感因
素弃之不顾了。同样，她也没有试着把梦作为一个整体来理
解。她满足于自己东一榔头西一棒子、流于浅表的解释，因此
并没有什么新的收获，所有发现都是她已经知道的。如果她能
够探测得再深入一点，可能就会看到这个梦的主题是这样的：
我觉得无助、迷茫；彼得让我很失望；我的生活就像玩旋转木
马，我停不下来；我没办法解决，只有随波逐流，但随波逐流
很危险。

我们可以丢弃那些与感受无关的想法，但是要丢弃情感体
验可没那么容易。而且很有可能克莱尔有关愤怒的情感体验，
尤其是迷失的感觉——尽管她显然未能理解它们——常常萦绕
于心头挥之不去，并且在她随后开始的追寻分析道路上提供了
指引。

接下来的一段分析仍然笼罩在阻抗的阴影之下。第二天，

当克莱尔彻底审视她的联想时，关于梦中"异国城市"那一部分的另一段记忆浮现了出来。有一次，她在国外的一个城市，在去火车站的途中迷路了；因为她不懂当地语言，就没办法问路，于是没赶上火车。想着这件事的时候，她突然觉得自己的行为很傻。她应该带本字典，或者可以找一家高级一点的酒店去问问服务人员。但是显然她那时太害羞、太没用，不敢去问。然后，她突然感到正是这种胆小害羞，也在她对彼得的失望中扮演了部分角色。她不但没有表达自己想要他周末回来的愿望，实际上反而鼓励他去见一个住在郊外的朋友，这样他可以稍作休整。

这时有一段早年的记忆浮现出来，是关于她的洋娃娃艾米丽的。艾米丽是她最爱、最贴心的布偶。艾米丽只有一个缺点：她有一头廉价的假发。克莱尔非常想让她拥有那种真头发做的假发，这样她就可以给艾米丽梳头、编辫子。她常常站在玩具店的橱窗外，出神地盯着那些有真头发的洋娃娃。有一天，她和妈妈一起逛玩具店，妈妈很乐意买给她礼物，问她想不想要一个用真正的头发做的假发。但是克莱尔说她不想要：那样的假发很贵，她知道妈妈缺钱。她一直都不曾拥有那样的假发，即使到现在，想起这一段往事，她还经常有想哭的冲动。

她很失望地发现，现在她仍然没有能够克服自己在表达意愿时的难为情，尽管在分析性治疗中对这个问题也开展了工作；但失望的同时，她感到如释重负。这些残留的害羞似乎提示了针对前几天苦恼的解决之道：她只需要对彼得再坦诚一点，让他知道她的愿望是什么。

克莱尔的解释说明了，只是部分准确的分析可能会漏掉最本质的部分，而让所涉及的问题变得模糊不清；也说明了解脱的感觉本身并不能证明找到的解决方案就是真正的方案。这里的解脱感源自这样的事实：她偶然发现了一个假的解决方案。克莱尔暂时成功地绕开了关键问题。如果她不是无意识里打算要找到一种简单容易的方法排除干扰，那么她就可能会更多地关注自己联想的内容。

回忆起的往事不仅仅是另一个她缺乏魄力的例子；它还清楚地表明了克莱尔强迫性地把妈妈的需要放在第一重要的位置，以免成为怨恨的对象，哪怕这种怨恨是模糊不清的。当下的情形中也存在这种趋势。诚然，她在表达自己意愿方面很羞怯，但这种抑制少部分是由于羞怯，大部分源自无意识的安排。"我的朋友彼得，从我收集到的各种信息来看，是一个冷漠的人，对任何要求都极其敏感。"在当时，克莱尔还没有全面意识到这一事实，但她对这一点很有感觉，以至于她隐瞒了自己对于他的时间安排最直接的期望，就像克制自己一直不提及任何关于结婚的可能性，尽管她常常想到。如果她要求他周末回来，他可能会照做，但心里会有怨恨。但是，克莱尔丝毫认识不到彼得内在的局限性，因而没能认识到这一事实，现在仍然不可能认识到。她更愿意首先看清楚自己在这件事中所起的作用，看到她有信心克服的部分。还要记住的是，把所有的过错都揽到自己身上是克莱尔维持一段困难关系的老模式。本质上，这也是她处理和妈妈之间关系的方法。

克莱尔把自己全部的烦恼归结为自己的胆小怯懦，其结果就是她遗漏了——至少在意识层面——自己对彼得的怨恨，她盼望着再见到他。第二天晚上，她就会见到他，但是新的失望在等着她。彼得不仅比约定的时间来得晚，还看起来很累，见到她没有表现出一点发自内心的高兴。结果是她变得很不自在，他很快就觉察到她的僵硬，他采取了攻势——显然这是他一贯的做法——问她是不是在气他周末没有回来。她弱弱地否认了一句，但当他进一步施压时，她承认说她怨恨他没有回来。她曾那么可怜地努力不去怨恨，这一切她都没法告诉他。他责备她太小孩子气，只考虑自己的愿望。克莱尔感觉糟透了。

第二天早上，报纸上一条关于船舶失事的通告让她想起了梦中她随波逐流的片段。当她花时间好好思索这一个梦的片段时，4段联想浮现在脑海中。一段是关于船难的幻想：她也在船上，现在正在水上漂流。她快要淹死了，这时一个强壮的男人双手环抱着她，救了她的命。对于这个男人，她有一种自己属于他、永远受他保护的感觉。他会一直双手环抱着她，永远永远不会离开她。第二段联想是关于一部小说，结局差不多类似。一个女孩在许多男人那里有过非常悲惨的经历，最后终于遇到了一个她可以爱的男人，而这个男人对她的爱也是她能够依靠的。

然后，她想起了一个梦的片段：做这个梦的那段时间，她正与布鲁斯慢慢相熟——布鲁斯是位年长的作家，曾经鼓励过她，并含蓄地允诺做她的导师。在那个梦中，她和布鲁斯一起散步，手牵着手。他就像个英雄或者像神一样被人崇拜着，她感到幸福得不得了。被这样的男人选中，就像是得到了不可思议的恩宠和眷顾。想起这个梦时克莱尔笑了，笑自己盲目高估布鲁斯的才华，后来才看清楚他的狭隘以及僵化抑制的风格。

这段记忆让她回想起另一个幻想，或者不如说是一个经常做的白日梦；她几乎快要忘掉了，尽管这个白日梦在她上大学期间，在还没有迷上布鲁斯之前，对她影响很大。白日梦围绕着一位伟大的男性人物，他天纵英明、充满智慧、卓尔不群，还非常富有。这个伟大的男人很看好她，因为在她平凡的外表下，他能感觉到她有着巨大的潜能。他知道，如果给予她好的机会，她一定会出落得很美丽，并且获得巨大的成就。他把自己所有的时间和精力都花在她的成长上面。不仅仅是他宠爱她，给她买漂亮衣服、漂亮房子；她也要在他的引导下努力学习，不只是要成为一位伟大的作家，还要培育思想、雕塑形体。这样，他就让丑小鸭变天鹅了。这是一种皮格马利翁式①的幻想，是从一个亟待发展的女孩子的视角创造出来的。除了要自己好好努力外，她还必须完全忠诚于她的导师。

对于这一系列联想，克莱尔最初的解释是，它们表达了想要永远被爱的愿望。她的看法是，这是每一个女人都想要的。但是她发现，此时此刻自己的这种愿望增强了，因为彼得没有给她安全感和会永远爱她的感觉。

通过这一系列联想，克莱尔实际上已经触到了最深处，但她还并未意识到。她渴望的那种"爱"具有什么样的特征，直到后来她才明白。但是她的解释中最有意义的部分，是表明彼得没有提供她想要的东西。这个结论得来不费功夫，好像她一直都知道似的，但实际上这是她头一次意识到自己对这段关系

————————

① 皮格马利翁效应是指期望和赞美能产生奇迹。——译者

有深深的失望。

　　似乎有理由推测：这个明显的突然的顿悟或许源自前几天的分析工作。当然，最近的两次失望自有贡献，但克莱尔在没有获得这样一种洞察之前，也有过类似的失望出现。到目前为止的分析中，她在意识层面漏掉了所有本质因素这一事实，并不会导致这个推测无效，因为尽管有这些失败，但有两件事的确发生了。首先，对于迷失的感觉，连同那个异域城市梦中出现的迷失的感觉，她有了强烈的情感体验。她的联想，尽管没有带来任何意识层面的澄清，却沿着一个不断变小的圆圈在移动：这个圆圈就围绕着关键问题显示出一定程度的清晰度，这种清晰度一般只会出现在一个人即将获得某个洞察的时候。我们可能会猜想，或许实际上就像这段时期的克莱尔那样，只要有了这样的想法和感受，就能够更聚焦于某些因素，即便是这些因素仍然还隐藏在意识层面之下。这一猜想的前提条件应该是，不仅在意识层面去面对问题具有意义，而且朝向这个目标迈出的每一步均有意义。

　　然而在接下来的几天中，克莱尔更深入地检查了前面提到的最后一次联想时所产生的内容，发现了更多的细节。在这一系列联想中的头两个片段，她震惊于其中的男人都以拯救者的面目出现。一个男人在她快要淹死的时候救了她；小说中的男人为女孩子提供庇护，以使她免受虐待和暴行。布鲁斯和白日梦中的伟大男性尽管没有救她于水火，但也扮演了保护者的角色。当她观察到这一拯救、庇护、收容的主题反复出现时，她认识到自己不只渴望"爱"，还渴望保护。她还发现，对她来说，彼得的存在价值中的一种就是当她处于困境之时，愿意并有能力给她建议并安慰她。想到这一点，一个事实浮现在克莱尔脑海中——在面对压力或受到攻击时，她毫无防卫之力，对此她已经知晓很久了。我们曾经一起讨论过这一点，作为她总是不得不屈居第二的部分原因。现在她发现，这一点反过来制造了一种需要：需要别人来保护她。最后她发现，她对爱或者婚姻的渴望总是在生活不如意的时候变得愈加强烈。

认识到被保护的需要在她的爱情生活中占据了最主要的部分，克莱尔前进了一大步。这个表面上看起来无害的需求所涉及的范围以及所扮演的角色，直到很远的后来才清晰起来。对着同一个问题，把这首次的洞察和最后一次的洞察比较起来看可能会很有意思——最后一次洞察关乎克莱尔的"私人信仰"。这个比较揭示了分析工作中经常发生的事。一个问题第一次被发现时，一定只是个粗糙的轮廓，人们只是认识到了它的存在。后来再回到同一问题，才会更深刻地理解其中的含义。在这种情况下若还觉得后来的发现并不新鲜，是一直都知道的，那就完全没有根据。之前定然是不知道的，至少是在意识层面不知道，只不过问题已经准备好浮出水面了。

　　尽管某种程度上还很肤浅，但这首次的领悟对克莱尔的依赖发起了第一次进攻。虽然她瞄了一眼自己受保护的需要，却还没有认识到其本质，因此她还没法得出结论说，这是她问题的一个本质要素。她也忽略了白日梦中关于那个伟大男性的所有素材，那些素材显示，她期待所爱的男性要能够完成许多功能，不仅仅是保护她。

　　接下来要讨论的报告标注的日期是 6 周后。这几周克莱尔记下的便条没有贡献出任何分析性素材，但是这些便条包含着某种中肯的自我观察，涉及她没有能力独处的问题。她之前一直都不知道自己这一抑制的部分，因为她把生活安排得没有给自己留下任何独处的时间。现在她观察到，当独自一人时，她会坐立不安或者变得非常疲倦。之前她能够享受乐趣的事情现在独自一人时都失去了意义。同样的工作，她在办公室有别的同事在时会做得好一些，回到家就不行。

　　在这段时间里，她既没有试着去理解这些观察结果，也没有努力去继续沿着最近的发现追寻下去。鉴于那些发现如此重要，她并没有继续探究，某种程度上还挺令人震惊的。如果把这与之前在审视她和彼得的关系时出现的不情愿联系在一起考虑，我们就有理由假设，在那个时候，带着这最新的发现，克莱尔对自己依赖性的认识程度快要接近自己能够承受的底线了，因此她不再努力去分析了。

刺激她继续分析工作的，是一次突然的剧烈的情绪波动，发生在她和彼得在一起的晚上。他给她了一个惊喜：送了一条非常漂亮的围巾作为礼物，她欣喜若狂。但后来，她突然感到一阵厌烦，慢慢变得冷淡。这种抑郁的感觉是在她开始安排夏日计划后出现的。她对这个计划非常兴奋，而彼得却淡淡的，没什么兴致。他对自己的反应解释为，毕竟他不喜欢提前做准备。

第二天早上，她记得一个梦的片段。梦中她看着一只大鸟飞过，这只大鸟有着最华丽的羽毛，掠过天空的身姿极其优美。大鸟越飞越远、越来越小，直到最后消失不见。然后她就醒了，带着焦虑，还有某种正在坠落的感觉。还在半梦半醒之间，突然脑海里冒出一句话——"鸟儿已经飞走了"——她立刻就明白了，这句话表达了她害怕失去彼得的恐惧。后来的某些联想确证了这一来自直觉的解释：有人曾称彼得为"永不停歇的鸟儿"；彼得英俊潇洒，舞跳得很好；那只大鸟美得有些不真实；她又想起了布鲁斯，她曾赋予他一些本没有的品质；她怀疑自己是否也美化了彼得；她想起了主日学校里学到的一首歌，歌中唱到有人请求耶稣用他的羽翼庇护他的孩子。

因此，害怕失去彼得的恐惧通过两种方式表达：鸟儿飞走；以及想到鸟儿曾经用他的羽翼庇护过自己，现在却抛弃了自己。后面的想法不仅仅从歌曲中得到启示，她刚醒来时正在坠落的感觉也暗示了这一点。在耶稣用他的羽翼庇护自己的孩子这一象征中，需要被保护这一主题又回来了。从后来的分析发展来看，这一象征采用了宗教主题绝非偶然。

克莱尔没有继续追寻她美化了彼得这一线索，但是能看到有这种可能性，已经非常有价值了。这为她后面的分析铺平了道路，让她能够有勇气仔细地看一看彼得到底是什么样。

但是，她诠释的中心主题——害怕失去彼得——不仅仅被她视为会从梦中得出的必然结论，同时她还深深地感到，这个主题是如此真实和重要。这既是对关键因素的一种情感体验，同时也是理智上的认识，下面的事实也佐证了这一点：迄今为止许多未被理解的反应现在突然变得清楚了。首先，她明白了前一天晚上自己不单单是对彼得不愿意讨论共同假期很失望。彼得的缺乏热情唤起了她会被他抛弃的恐惧，这种恐惧让她感到疲倦和冷淡，正是这种恐惧引发了那个梦。许多其他可堪类比的情形都同样得到了说明。各种各样的例证纷至沓来，她曾感到受伤、失望、恼怒，或者就像前一晚，她明显变得疲倦或者抑郁却没有什么明确的原因。她认识到，所有这些反应都源自同一个主题，尽管可能也还有其他的因素牵扯其中。如果彼得迟到了、没接电话，如果他全身心投入其他事情中而不把全部心思都放在她这里，如果他有一点退缩、紧张或者烦躁，如果他对她没有性欲，这一切都会引发被抛弃的恐惧。另外，她也明白了，当她和彼得在一起时，偶尔爆发的恼怒不是因为琐碎的意见不合，也不是因为她想要随心所欲——彼得通常这样责怪她——而是源自同样的恐惧。她以为自己是为了一些琐事生气，比如看什么样的电影两人意见不合，或者因为要等他而愤怒等，但其实都是源自她害怕失去他。相反，当意外地收到他的礼物时，她欣喜若狂，因为很大程度上，这意味着她从失去他的恐惧中突然解脱了。

最后，她把这种被抛弃的恐惧与独自一个人时的空虚感联系在了一起，但没有对这种联系形成什么确切的理解。被抛弃的恐惧如此强烈是因为她害怕独处？还是独处对她来说意味着被抛弃？

这一部分的分析，突出说明了这样一个惊人的事实：一个人可以对某种恐惧毫无觉察，尽管实际上这种恐惧已经吞噬了一切。克莱尔现在认识到她的恐惧了，并且看到了恐惧对她和彼得的关系造成的困扰，这绝对意味着进步。这个洞察与之前的一个洞察，即受保护的需要有关的那个洞察之间有二次连接。两者都表明整个关系在何种程度上被恐惧笼罩。更具体地来说，被抛弃的恐惧部分源自受保护的需要：如果她期待彼得保护她免受生活之苦，那么她就没法承受失去他的危险。

克莱尔还完全没理解这种被抛弃恐惧的本质。她还没有意识到，她认为的深沉的爱，如果有的话，其实只不过是神经症性的依赖，她还没有认识到自己的恐惧是基于这样一种依赖之上的。之后我们会看到，在这种情境下，关于她没有能力独处这一点，散漫地浮现在她脑海中的那些问题更切中要害，而她对此也没有认识。但是因为问题整体还比较模糊，还有许多未知因素牵涉其中，所以就这一点来说，她甚至还无法精确地观察到。

对于收到围巾表现出的兴高采烈，克莱尔目前的分析还是很准确的。毫无疑问，她喜出望外的感觉中有一个很重要的元素，是友好的行为会暂时减轻她的恐惧。她没有考虑到其中还有其他元素，这不能简单归因于阻抗。她只看到了与她正在分析的问题——被抛弃的恐惧——有关系的特定方面。

大约过了一周，克莱尔觉察到了，她收到礼物时的兴高采烈可能还包含其他元素。通常她不会被电影中的情节感染而哭泣，但在那天晚上，当她看到电影中处境悲惨的女孩子遇到了意外的帮助和友善时，她的眼泪夺眶而出。她嘲笑自己多愁善感，但这并不能阻止眼泪掉下来，后来她感到要为自己的这一行为找到原因。

她首先想到，有可能是自己无意识中的不快乐，通过看电影时的哭泣表达出来。况且，她的确也找到了不快乐的原因。然而沿着这条线索，她的联想一无所获。等到第二天早上她才突然看见问题所在：她的哭泣不是当电影中的女孩生活艰难的时候，而是当女孩子的境遇发生了意外的转变——变得好一些的时候才出现的。这时她才认识到前一天忽略了什么——她总是在遇到这种情形的时候哭。

然后，她的联想开始进入轨道。她记起来，当她还是个孩子的时候，每一次看到仙女教母送给灰姑娘一堆意想不到的礼物时，就会哭得稀里哗啦。然后，她又回想起自己收到围巾时的喜悦。下一段回忆是发生在她婚姻期间的一件小事。她丈夫通常只会在圣诞节或者生日的时候送她礼物，但是有一次，他的一位重要生意伙伴进城来，两个男人一起陪她到裁缝那里帮她选一条连衣裙。当时有两条裙子，她犹豫不决，不知道选哪条好。然后她的丈夫做了一个慷慨的姿态，建议她可以两件都买。尽管她明白这个姿态不完全是因为她的缘故，还因为丈夫想给生意伙伴留下深刻印象，但她还是非常快乐；与其他衣服相比，她更珍视这两条特别的裙子。最后，她想到了关于伟大男性的白日梦中的两个部分：一个是有一幕场景，那个伟大的男人挑选她作为资助对象，这让她非常意外，完全想不到；另一个与他送给她的所有礼物，还有一些他曾经巨细靡遗地说给自己听的事情有关——他提议的旅行、他选的旅馆、他买回家的长袍、他邀请她去豪华饭店用餐——她从不用主动提出任何请求。

她大吃一惊，这感觉堪比罪犯面对确凿罪证。这就是她的"爱"！她想起一位朋友曾发誓要做一辈子单身汉，他说过，女人的爱只不过是她们压榨男人的遮羞布。她还想起了另一个朋友苏珊说过，她认为滔滔不绝地谈论爱让人恶心；苏珊的这些话当时曾让她非常吃惊。苏珊说，爱只不过是一场诚实的交易，双方同甘共苦，以期创造良好的伙伴关系。克莱尔曾震惊于那些言论，她认为那是玩世不恭：苏珊太冷酷了，否定了感觉的存在及其价值。但现在她认识到了，其实是她自己太天真，误以为爱主要是由期待组成，期待那些有形无形的礼物会不费吹灰之力就出现在她的面前。实际上，她的爱不过是对别人的依赖！

这无疑是完全意料之外的洞察，但是痛苦惊讶之余，她很快就感到了极大的解脱。的确如此，她感到她终于真正明白了，在亲密关系的困难之中自己负有什么样的责任。

克莱尔全心沉浸在自己的发现中，已经完全忘记了促使她开始分析的事件：看电影时哭泣。但是第二天她又回到了这里。一想到自己最隐秘、最热烈的愿望，自己曾终其一生都在等待着且从来都不敢想象会美梦成真的愿望突然被满足了，这时的眼泪表达了一种淹没性的慌乱。

接下来的几周，克莱尔沿着好几个方向继续拓展她的洞察。简略地浏览一下她的最后一组联想，克莱尔惊讶地发现，几乎在所有的事件中，重点都是意想不到的帮助或者礼物。她觉得关于这一点至少有一条线索，就在她写的关于白日梦的最后一张便条中。她写道：她从不用主动提出任何请求。有赖于之前的分析工作，她对这次分析进入的领域相对熟悉。由于之前她倾向于压抑自己的愿望，并且那个时候仍然在一定程度上抑制而不表达，所以她需要有人渴望着她的渴望，或者猜中她隐秘的愿望并满足它们，而不用她自己为这些愿望作出丝毫的努力。

她继续追寻的另一条线索，涉及这种善于接受的、寄生态度的相反一面。她认识到自己给予得非常少，因此希望彼得能一直对她的麻烦或者利益感兴趣，而不要主动分享他自己的。她期待彼得温柔多情，却不愿表露自己的情感。她会回应，但把主动权留给彼得。

另一天，她再次检视关于那个夜晚的便条——就是那个她的情绪从高兴跌落到抑郁的晚上——她发现她的疲惫可能还包含另外的因素。她猜想后者可能不仅仅来源于被唤起的焦虑，还因为自己压抑了愿望受挫后产生的愤怒。如果真的是这样，那么她的愿望就不可能像她之前认为的那样无辜，这些愿望一定混杂着某种固执强求的成分，必须被满足。她对此存疑，留待后面继续探索。

这一节的分析对于她和彼得的关系立即产生了正面影响。她更积极主动地参与到他感兴趣的事情中，也更多考虑他的愿望，不再仅仅只是接受者。她再也没有出现过突然爆发的激惹。这里，很难说她对他的需求是否减弱了。虽然她对他的需求的确到了一个比较温和的程度，但很难说是不是减弱了。

这一次，克莱尔非常诚实地面对了自己的发现，几乎不用再多说什么了。但值得注意的是，同样的材料6周前就呈现出来了，也就是关于伟大男性的白日梦出现的时候。在那时，紧紧抓住虚幻之"爱"的需要还非常迫切，以至于她最多只能承认她的爱带有一点点被保护的需要：即便是承认了，她也只能设想被保护的需要可以增强她的"爱"。尽管如此，但就像前面说过的，最初的洞察对她的依赖性构成了第一次冲击。第二步就是发现在她的爱中，恐惧的程度有多深。再进一步就是她提出的问题：自己是不是对彼得评价过高，尽管这个问题还没有答案。只有当她在迷雾中探索到那么远之后，才能最终看清她的爱绝不纯粹。直到现在，她才能够承受幻灭，认识到她之前一直都错误地以为爱就是无止境地期待和要求。对于认识到依赖来源于期待，她还有最后一步没有走到。但是在其他方面，这一分析片段很好地说明了，跟随洞察继续去探索是怎么回事。克莱尔看到，自己对他人的期待很大程度上是因为她自己在渴望得到及想要为自己做些什么等方面被抑制了。她看到，自己寄生的态度损害了回馈别人的能力，并且也认识到如果自己的期待被拒绝或者遭受挫折，她常常会感到被冒犯。

实际上，克莱尔的期待多与无形的东西有关。尽管有明显的证据给出恰恰相反的证明，但她本质上不是个贪婪的人。我甚至想说接受礼物仅仅是一个象征，接受的不是具体的东西，而更重要的是期望。她要求别人按照这样的方式照顾她：不要让她决定什么是对、什么是错，不要让她主动起头，不要让她为自己负责，不要让她去解决外部困难。

几个星期过去了，在这期间，她和彼得的关系整体上平稳。他们最终计划好一起去旅行。他长时间的犹豫不决极大地破坏了她满怀期待的喜悦，然而当一切都决定好之时，她真的很期待假期的到来。但就在出发前几天，他告诉她，这个当口他的生意遇到了危险，他一刻也不能离开市区。克莱尔先是非常愤怒，然后非常绝望，彼得责怪她不可理喻。她想接受彼得的责怪，试着说服自己他是对的。平静下来后，她提议说她自己独自先到一个度假胜地，那里离市区就 3 个小时车程，彼得一旦有空就去和她汇合。彼得没有公然地反对这样的安排，但是支支吾吾了一会儿后说，如果她之前能够更理性一点处理问题的话，他本来是会非常乐于接受这个安排的；但是既然她对每一个失望的反应都如此激烈，而他也没办法掌控自己的时间，他预见后面一定会有摩擦，所以他觉得克莱尔的计划里还是不要有他为好。这再一次把她推入了绝望的深渊。那个晚上以彼得安慰她并答应她在假期的最后 10 天陪她出去而告终。克莱尔这才感到安心。她在心底里同意彼得的想法，她决定让自己轻松些，满足于彼得所能给她的。

第二天，她试着分析自己一开始的愤怒反应，在这个过程中，她有 3 个联想。第一个是一段回忆，是她在游戏中扮演殉难者而被取笑的经历，那时她还是个孩子。这段回忆之前也经常浮现，但这一次她有了新的见解。之前她从来都没有思考过他们用这样的方式取笑自己是不是有错，她仅把它作为一个事实。现在，她第一次渐渐明白，他们是不对的，实际上她受到了歧视，他们取笑她就是在伤害之外还加上了侮辱。

另一段记忆浮现在克莱尔的脑海中，那时她大概五六岁的样子，常常和哥哥以及他的伙伴一块玩。有一天他们告诉她，他们玩的地方不远处有一块草地，草地上有一个秘密的洞，强盗们住在里面。她全然相信了他们的话，每一次路过那块草地附近时都吓得发抖。后来某一天，他们嘲笑她竟真的相信这个故事。

最后，她想到了梦中的异国城市，她站在街上看到怪异表演和赌博机。现在她明白了，这些象征不仅仅在表达转瞬即逝的愤怒。她第一次发现，彼得身上有一些假的、欺骗性的东西——不是故意欺骗那种意思。他禁不住总想扮演那种永远正确、永远出众、永远慷慨的人——而他其实是有弱点的。他全神贯注于自己，他屈服于她的愿望并不是因为爱或者慷慨，而是因为他自己的弱点。最终，在他对待她的方式中是有某种微妙的残忍的。

只有到现在她才明白，前一晚的反应主要并不是由于失望，而是他麻木不仁无视她的感受。彼得在把自己必须留在市里的消息透露给她时，没有丝毫的柔情，一点也不觉得抱歉，对她一点安慰都没有。只在那晚快要结束时，她哭得很伤心，他才转而深情款款。而在此期间，他让她承受了很多悲伤，还让她觉得一切都是她的错。他的做法与童年时母亲和哥哥对待她的方式一模一样：首先践踏她的感受，然后让她觉得内疚。顺带说一下，很有意思的是，这里我们看到这一片段的意义是如何因为她重拾勇气敢于反抗而变得越来越清楚，以及对过去的明了是怎样反过来帮助她在当下变得更通透的。

接着，克莱尔回想起许多事情，每一件彼得都明里暗里答应过，但都没有做到。另外她还发现，这一行为本身呈现的方式更重要、更无形。她发现彼得在她这里创造出一种深沉而永恒的爱的幻觉，却又急于让他自己置身事外，就好像他让自己和她陶醉于这种理想的爱之中。她相信了这种爱，就像她小时候相信了强盗故事一样。

最后，克莱尔想起了在做那个梦之前有一次她联想到的内容：她想到她的朋友艾琳在生病期间爱意减弱，还有那部小说中的女主角觉得和丈夫疏远了。她现在认识到，这些想法所包含的意义比她之前假定的要严重得多。她内心有一部分真的想要离开彼得。尽管这样的洞察让她不高兴，但她觉得释然了很多。她觉得就像一个魔咒被解开了。

跟随着自己的洞察继续探索，克莱尔开始奇怪自己怎么花了这么长时间才对彼得获得了清楚的印象。一旦认识到了他身上的这些特征，她就觉得它们是如此明显，很难视而不见。然后，她发现自己有一个强烈的愿望——非常不想看见这些特征：什么也不能阻挡她把彼得看成是白日梦中那个伟大男人的现实版。她还第一次发现有一堆人，她都是以这样的方式在崇拜着。这一堆人中的第一个就是她妈妈，她极端崇拜妈妈；紧接着是布鲁斯，他是在许多方面和彼得类型相似的人；接下来是白日梦中的男人，另外还有很多。华丽鸟的梦现在看来显然是一种象征，象征着她对彼得的赞颂。出于自己的期望，她总是驾上马车直奔星星而去，但后来发现所有的星星其实都只是烛光。

在这里，可能会有一种普遍的印象，觉得克莱尔的发现根本算不上什么发现。难道她不是早就发现彼得承诺多而兑现少吗？是的，几个月前她就看到了，但那时她既没当回事也没全面体会到彼得的不可靠。当时她的想法主要是表达自己对他的愤怒，现在具体成一种观点、一种评判。另外那时她也没有认识到，他正直慷慨的背后混合着施虐的成分。只要她还盲目地期盼他来满足她所有的需要，那她就没可能看得如此清楚。她认识到之前的自己有一种梦幻般的期待，现在她乐于把关系建立在互惠互利的基础上，这使得她更强大，能够也敢于面对他的缺点，因此也就动摇了他们先前关系的支柱。

克莱尔在分析中采取的步骤有一个很好的特点，那就是实际上她是先从自己内部探索问题的根源，只有当这一部分工作有进展了之后，才去看彼得在问题中要分担什么样的责任。起初她的自我反省是想找到一条轻松的线索，让她可以处理关系中的困难，但最终自我反省带领她收获了一些很重要的关于自己的洞察。进行分析的每一个人都应该既学着理解自己，也理解参与到自己生活中的他人，但首先从自己开始会比较安全。一个人一旦陷入自己的冲突中，那么对他人的印象通常就会被扭曲。

从克莱尔在整个分析工作中收集到的关于彼得的素材来看，我认为她对他人格的分析基本上正确。不过，她还是忽略了很重要的一点：彼得，不管他自己有什么样的原因，是一定会离开她的。当然，他表面上从不吝啬给予她爱的保证，这一定会扰乱她的辨别力。另一方面，这个解释也不很充分，因为有两个问题没有回答：她努力想要看清楚彼得，但为什么当她看清楚了一些后却停了下来；为什么她能够设想——尽管没有执行——自己有离开彼得的愿望，却闭眼不看他也有离开她的可能。

这个节点未被处理的结果就是，克莱尔想要离开彼得的愿望并没有存活多久。当不在彼得身边时，她会不快乐；彼得一联络她，她就屈服于他的魅力了。还有，她仍然不能承受孤独的未来。因此，这段关系仍然继续。她对他的期待少了一点，更听天由命，但她的生活还是围着他打转。3周后的一天，她醒来时，玛格丽特·布鲁克斯的名字就在嘴边。她不记得自己是否梦到她，但她立刻就明白了个中深意。玛格丽特是她的一位已婚朋友，她们好多年没见面了。玛格丽特曾经非常可悲地依赖于她的丈夫，尽管事实上丈夫总是无情地践踏她的尊严。他忽视她，在其他人面前刻薄地批评她；他有好几个情妇，还把其中一个带回了家。玛格丽特曾经频繁地向克莱尔抱怨、念她的悲惨经，但她总是能够归于平静，相信她丈夫将来还会变成世界上最好的丈夫。克莱尔曾对这样的依赖感到很吃惊，有点瞧不起玛格丽特的没骨气。不过，她给玛格丽特的建议全都是怎样找到办法留住丈夫或者赢回他的心。她也和她的朋友一起希望所有的一切都会有美好的结局。克莱尔明白，为了这个男人不值得，但既然玛格丽特这么爱他，这似乎是能够采取的最好态度。现在，克莱尔发现她自己当初是多么愚蠢，她本应该鼓励玛格丽特离开丈夫。

　　但现在并不是之前对朋友所处状况的态度让她心烦。让她震惊的是她和玛格丽特的类似之处，这一下子让她完全清醒过来。她从没想过自己也在依赖别人。带着这种让她恐惧的清晰感，她认识到自己也在同一条船上：紧紧依附于一个并不真的想要她的男性，她也丧失了尊严，而且她现在对这个男人的价值也有所怀疑。她发现有一些死结，它们有着压倒性的力量，把她紧紧地绑在彼得身上，使得没有他的生活毫无意义、无法想象。社会生活、音乐、工作、事业、大自然——没有了他这一切都不重要了。她在情绪上依赖于他，想由他耗费掉她的时间和精力。不管彼得怎么做，她还是会回到彼得的身边：就像人常说的，猫一定会回到它之前生活的屋子。接下来的几天里，她都生活在茫然之中。这个洞察没有产生任何解脱的效果，只是让她更加痛苦地感受到身上的锁链。

在逐渐恢复一定程度的平衡后，她部分修通了发现的内容。她更加深入地明白了自己的"被抛弃恐惧"具有什么样的意义：那是因为她的结对她来说太重要了，以至于她如此恐惧这些结会散开；但是只要继续依赖，这种恐惧就必定会继续存在下去。她发现，她不只崇拜母亲、布鲁斯和她的丈夫，还依赖他们，就像现在依赖彼得一样。她认识到，只要是对尊严的伤害在失去彼得的恐惧面前不值一提，那么她将永远都没可能获得什么体面的自尊。最后她明白了，她的这种依赖对彼得来说一定也是一种威胁和负担——后面的这一洞察让她对彼得恨意大减。

依赖毁了她和别人的关系，当认识达到这种程度时，她下定决心要反抗这种依赖。这一次，她甚至都不打算通过分离来斩断这个结。她知道，首先她做不到；但同时她也觉得，看清了这个问题她就能解决它，不管是在这段关系之内还是之外。她说服自己道：毕竟这段关系中还有一些价值应当被保留和培育。她感到有十足的把握把这段关系放在一个更健全的基础上。因此，在接下来的一个月里，除了分析工作之外，她实实在在地努力去尊重彼得对空间的需要，用更独立的方式去处理自己的事情。

　　毫无疑问，在这一节的分析中，克莱尔取得了重大的进展。的确，她基本上全靠自己发现了第二种神经症倾向——第一种是她的强迫性谦逊——而且新发现的神经症倾向她之前一点都不觉得自己有。她认识到了这第二种神经症的强迫性特点及其给她爱情生活带来的伤害。然而她还没有看到，它在更普遍的程度上给她的生活带来的局限，她还远没有认识到它令人生畏的力量。因此她高估了自己获得的自由。在这一点上，她倾向于常有的自我欺骗：只要认识到问题就算解决了问题。与彼得继续维持恋情这种解决方案其实是一种妥协。她愿意在一定程度上修正这一神经症倾向，但还不愿意放弃它。这也解释了为什么，尽管她把彼得看得更清楚了，但仍然低估了他的局限性；就像之前看到的，他的局限性比她以为的要更大、更僵化。她同样也低估了他想要离开她的挣扎。她看到了他的挣扎，但希望通过自己对他态度的转变可以说服他，使他回心转意。

几周后，她听说有人散布了一番诽谤她的话。这件事并没有在意识层面让她难过，但夜里她却做了一个梦。梦中她看见一座高塔矗立在一望无际的沙漠中，塔顶是一个光秃秃的平台，没有任何护栏；有一个人站在平台的边缘，她醒过来的时候有一点轻度焦虑。

沙漠留给她的印象是荒凉且充满了危险的地方。这让她想起了之前曾做过一个焦虑梦，梦中她走过一座桥，桥的中间断掉了。塔顶的人对她来说仅仅是孤独的象征；彼得不在身边已经有几周了，她的确觉得很孤独。接着，"两个人在一座岛上"这句话从脑海中冒了出来。这句话让她回想起，自己偶尔会幻想和深爱的男人远离人群，住在山中或者海边的乡村木屋里。因此，这个梦起先对她来说仅仅是表达了她对彼得的想念以及他不在身边时的孤单感受。她还发现，前一天听到的传闻更强化了她的这种感受：也就是说，她认识到那些诽谤她的话一定让她忧虑不安，增强了她想要被人保护的需要。

在深入检查联想时，克莱尔很奇怪自己为什么一点儿都没有注意到梦中的高塔。有一幅画面浮现在脑海中，她之前偶尔也会想起这幅画面，即自己站在沼泽中央的一根柱子上，沼泽里伸出来许多手臂和触须，好像要把她拽下去。这个幻想没有下文，只是这幅画面。以前她从没有多想，只是看到它最显而易见的内容：害怕被拽到某种肮脏下流的东西里去。那些诽谤她的话一定又唤起了这种恐惧。但是突然她发现了这幅画面的另外一个方面：把她自己置于高高在上的地位。梦中的高塔也有这方面的含义：世界是干旱荒芜的，但是她卓然出群、高高在上，世界的危险够不着她。

因此她把这个梦解释为，对于那些诽谤她的话感到羞辱，希望用一种比较傲慢的态度来保护自己；因而她把自己放在了一个孤独的高处，但那个高处让她恐惧，因为她觉得站在那里太不安全了，必须要有人在上面给予她支持，但没有人可以让她依靠，这让她变得很恐慌。她几乎瞬间就明白了，这一发现还有更广阔的含义。迄今为止，她已经发现的是，自己需要有人支持和保护，因为她毫无防御之力并且很不自信。现在她认识到，有时候她会摆荡到另一极——傲慢；在这种情况下，她必须要有一个保护者，当她把自己藏起来的时候，就是这么做的。她感到极大的解脱，因为她觉得自己已经看清了一个会把自己绑在彼得身上的新结，那么只要看见了就有可能解决掉。

　　在这个解释里，克莱尔实际上发现了她之所以需要情感支持的另一个原因。而她之前从没有看到问题的这一方面也是有原因的。在她的人格中，由傲慢、轻视别人、要超越别人、要战胜别人等特点组成的整个部分一直被深深地压抑着，直到现在被洞察之光照亮。即使在开始分析之前，她也曾经偶然认识到自己有蔑视别人的需要，她会对自己的成功洋洋得意；她在白日梦中展现出野心，但这种认识转瞬即逝。然而这个问题整体上仍然被深深埋藏，其临床表现还几乎没有被理解。现在就像有一根深入底层的火把突然被点亮，但很快就又被黑暗吞噬了。因此，这一系列联想的其他深意仍然没有被碰触到。画面中，沙漠中的高塔呈现出的极端孤独，不单代表没有了彼得时她的孤单感受，也代表她平常就不太合群。具有破坏性质的傲慢要负一部分责任，这同时也是不合群的结果；而把自己绑在另一个人身上——"两个人在孤岛上"——就是一种逃离这种孤独而又不用厘清日常人际关系的方法。

　　克莱尔相信，她现在能更好地和彼得相处。但不久后，一个双重的打击又把她的问题推到了高潮。首先是她从侧面得知，彼得现在或者曾经和另一个女人有外遇；后来彼得又写信告诉她说，分开对两个人都比较好。她几乎难以承受这样的打击。克莱尔的第一反应是：老天，幸亏是现在发生，她认为自己只有现在才能撑得住。

克莱尔的第一反应，混合着部分的真相和部分的自欺欺人。真相是，要是早几个月，她可能真的做不到承受这样的压力而不给自己造成重大的伤害；在接下来的几个月，她不仅证明了她能够承受，而且离整个问题的解决越来越近了。但是第一反应的平平淡淡、公事公办，显然也是因为实际上她不允许这个打击穿透自己的防御盔甲。在接下来的几天，当防御真的被穿透后，克莱尔陷入了一种疯狂绝望的混乱中。

她深感烦乱，没办法分析她的反应，这是可以理解的。房子失火了，首先不是要寻找前因后果，而是赶紧灭火。事情过去两周后，克莱尔还记得当时有几天，自杀的想法又不断浮现在脑海中，尽管这个想法其实并没有什么真实意图。很快克莱尔就意识到，实际上只不过是她自己没有重视这个想法而已；然后她诚实地面对自己，问自己到底想死还是想活。她当然是想活的，但是如果她不想活得像一朵逐渐枯萎的花儿，那么就不仅仅是要根除自己对彼得的渴望，以及那种失去他生活就彻底完蛋了的感受，还必须彻底地解决整个强迫性依赖的问题。

一旦把问题想得如此清晰，挣扎就开始了，其强度难以预料。直到现在，她才感觉到自己想和另一个人融为一体的需要有如此强大的力量且从未缓和。她再也不盲目地劝说自己这是

"爱"：她认识到，这更像是药物成瘾。现在她非常清楚地看到，只有两个选择：要么屈服于依赖需求，另找一个"伙伴"；要么完全克服掉它。但是她能克服得了吗？没有了依赖的生活是否值得一过？她既心急火燎又悲伤地尝试着说服自己，毕竟生活中还有很多美好的事情。她不是有一个很好的家吗？她不是也从工作中获得了满足吗？她不是也有朋友吗？她不是也能享受音乐和大自然吗？但这么做不管用。这一切似乎既不切题也没有说服力，就像音乐会的中场休息。中场休息没什么问题——在这个短暂的停顿中可能会心情不错，但音乐会还要继续下去——但没有人去听音乐会时仅仅是为了中场休息。这样的推理完全不管用，这个念头让她震惊，但仅限于一瞬间，她很快就淹没在另一种更普遍的感觉中：自己没有力气做出任何真正的改变。

最终，一个想法浮现在脑海中，尽管这个想法极度朴素，但带给克莱尔一个转机。这是一句古老的名言："我不能"常常是"我不想"。可能她仅仅只是不愿把自己的生活建立在另一个基础上？是不是她主动拒绝生命中的其他事情，就像一个小孩有了苹果派就不愿再吃其他东西？自从认识到自己的依赖性以来，她仅仅看到自己被这段关系缚手缚脚、耗费了大量能量，没有给另外的人留下任何余地。现在她认识到，那不仅仅是自身利益的耗费；是她自己拒绝并贬低她为自己所做的一切，或者与别人在一起所做的一切，除了"心爱的人"。这样，她终于渐渐明白，平生第一次，她认识到自己在这样的一个怪圈里陷得有多深：对于这段关系之外的所有人和事，她都瞧不上，这必定使得关系中的另一半变得极其重要；而这种独一无二的重要性反过来又让她与自己及其他人更加疏远。这个渐渐清晰的洞察后来也被证明是对的，这让她震惊也鼓舞了她。如果有一股内在的力量阻止她摆脱束缚，那么或许她可以对这种束缚做些什么。

所以，这一阶段的内部混乱以克莱尔重燃对生活的希望和重拾解决问题的动机而告终，但是也涌现了很多问题：如果失去彼得仍然会让她像以前一样深感难过，那么前面的分析工作价值何在？关于这个问题有两种考虑。

一种是之前的工作不充分。克莱尔已经认识到她有强迫性依赖这一事实，也已经知道了这种状况的某些含义，但她还远没有真正抓住问题的本质。如果有人怀疑前面所做的工作是否有价值，那么他就犯了错误，与克莱尔在分析过程到达顶峰之前犯的错误一样，低估了特定神经症倾向的重要性，而希望快速轻易就有成果。

另一种考虑是，从整体上看，最后的剧变本身是建设性的。它代表着发展线上的一个顶点，这条发展线一开始是对有关问题的全然忽视，以及无意识中想要否定问题存在的强烈愿望，到最后全面认识问题的严重性。这个顶点清楚地说明了：她的依赖性就像渐渐生长的癌细胞，没办法把它限制在安全范围（妥协）之内，而是必须根除，以免对生活产生更严重的危害。在极度悲痛的重压下，克莱尔还是让敏锐的意识聚焦于迄今为止一直藏在无意识中的冲突之上。她已经完全清楚，自己处在两难之中：一边是想要放弃对别人的依赖，一边是想要继续。这个冲突曾经通过和彼得继续保持恋情的妥协方案被伪装起来。现在，她必须面对，而且也能够对于她想要离开这种想法采取明确的立场。从这一点来说，她现在正在经历的阶段说明了前面章节提到的一个事实，那就是在分析的某个阶段，必须要采取立场、做出决定。如果通过分析工作，一个冲突完全成型，让病人能够这么做，那这必须被视为一种成果。当然在克莱尔的案例中，这个问题就是，她是否立刻要想办法用一根新的支柱替代已经失去的那根。

用那样一种不妥协的方式面对问题，自然会令人不舒服。那么这里就有了第二个问题。克莱尔的经历有没有制造更大的自杀风险，是不是不分析更好些？关于这个问题，更中肯地来说，她之前也曾多次深陷自杀意念。然而她从来不能做到像这次一样，坚决地终止那些想法。从前，这些自杀意念只是因为有"好的"事情发生才淡出画面而已。现在她有意识地，带着一种建设性的精神积极地对抗这些意念。同样，就像上面提到的，她的第一反应是感激彼得没有更早地退出，部分程度上是一种真实的感受，她现在更有能力应对他的抛弃。因此，似乎可以安全地假定，没有这些分析工作，她的自杀倾向会更强烈、更顽固。

最后一个问题是，若没有彼得的离开这样一个外在压力，克莱尔能否全面认识到她这种纠结的严重性。可以这样认为：克莱尔在分手之前已经经历了一段时间的发展，不大可能永久停留在一个本质上站不住脚的妥协方案上，而是迟早都会继续往前走的。另一方面，阻止她最终通向自由的力量很强大，想要更进一步达成妥协，可能仍然有相当长的路要走。这种假设，如果不是触及了一种分析师和病人都不太常有的对待分析的态度，其实是无用的，没必要拿出来说。这种态度是认定分析能够单独解决所有问题。一旦赋予治疗这样无所不能的特征，就是忘记了生活本身才是最好的治疗师。分析所能做的，只是让一个人学会接受生活提供的帮助，并善加利用。在克莱尔的例子里它就确切发挥了这样的作用。如果没有完成这些分析工作，克莱尔很有可能会迫不及待地去找一个新的伙伴，从而保持同样的体验模式。重点不是她能否在没有外界帮助的情况下解放自己，而是当帮助来临时，她能否把它转化成一种建设性的体验。她做到了。

至于克莱尔这一阶段发现的内容，最重要的一个，是发现了她在主动蔑视自己的生活、反抗自己的感受、反对自己的想法、不关注自己的利益和规划，简言之，就是反对做她自己、反对在自己内部寻找重心。与其他发现比较而言，这一发现仅仅是情绪上的洞察。她不是通过自由联想获得这一洞察的，这方面也没有事实依据。对于反对力量的本质，她也没有丝毫头绪，仅仅是感受到它们的存在。回过头来再看，我们能够理解为什么当时她几乎没有再往前走太远。她的情形类似于一个人被迫远离故乡，面临的任务是把她整个生活建立在一个全新的基础之上。克莱尔必须从根本上改变她看待自己以及看待人际关系的态度。自然，这样的未来远景太复杂，让她手足无措；但停滞不前的主要原因还在于，尽管她下定决心要解决依赖的问题，仍然有一股强有力的无意识力量阻止问题的最终解决。她就像被悬在了半空中，不知道选择哪种方式应对生活，既没有准备好放弃旧的，也没有准备好尝试新的。

结果后面几周，她是在接二连三的起起落落中度过的。她在不停地摇摆，有时候觉得和彼得在一起的经历及其林林总总似乎是遥远过去的一部分，有时候又极度渴望能再次赢得他、使他回心转意。那段时间，她感到孤独是一种加在她身上的深不见底的残忍。

后来的几天中，有一天听完音乐会独自回家，她发现自己正在想着别人都比自己过得好；但是她争辩道：别人也一样孤单，是的，但他们喜欢孤单；遭遇意外事故的人就过得不好，是的，但是医院里有人照顾他们。那么失业的人呢？是的，他们生活贫困，但他们结婚了。此刻，她突然发现自己争辩的方式很可笑。毕竟，不是所有失业的人都幸福地结婚了；而且，就算他们结婚了，婚姻也不能解决所有问题。她认识到，一定有一种倾向在起作用，使得她把自己想得过于悲惨、夸大其词。悲伤的阴云被驱散了，她感到一阵解脱。

当她开始分析这个小插曲时，脑海中突然冒出一首歌的旋律。这首歌是在主日学校学到的，歌词已经回想不起来了。接着联想到的是有一次她因为阑尾炎做手术。然后是圣诞节刊登的"最糟糕的状况"。再然后是一幅画面：冰川上有一道巨大的裂缝。接着是一部电影，她曾经在那部电影里看到过那个冰川；电影里有人掉进了冰川，最后一刻才被解救上来。然后是一段小时候的回忆，大约在她 8 岁左右的时候，她躺在床上哭，觉得妈妈一定会来安抚她；如果不来，妈妈就太过分了；

她不知道之前有没有和妈妈吵架；她能想起来的就是坚信妈妈一定会被自己的悲伤打动；实际上妈妈一直没有来，后来她就睡着了。

　　过了一会儿，她又想起了那首主日学校歌曲的歌词。歌中唱道：不管我们的悲伤有多大，只要向上帝祈祷，他都会帮我们。她突然看见了其他联想中以及之前她夸大自己悲惨处境所提示的线索：她还有一种期待，巨大的不幸会带来帮助。因为无意识的这种信念，她让自己比实际情况更悲惨。真是愚蠢之极，但她就这样做了，还经常这样做；之前总是没来由地哭泣，她正是在那样做；当然随着分析的进行，这些情况现在也已经完全消失了。她想起来，有很多时候她都觉得自己是全天下最受伤害的人，过了一段时间后她才意识到自己总是把事情弄得比真实情况更糟糕。然而，当她处于那种莫名其妙的不愉快中时，似乎看起来，甚至感觉上，那都是有真实原因的。在这种时候，她常常打电话给彼得，他通常会同情她、帮助她。就这一点而言，他基本上还是靠得住的。比起对别人，他对她还算上心，没有太让她失望。或许这是一个更重要的结，而她以前并没有意识到？但有时彼得也只是从表面上理解她的不高兴，并且会取笑她，就像她妈妈和哥哥小时候取笑她一样。每当这个时候，她就会深深地感到被冒犯，对他大发脾气。

是的，有一个清晰的模式在不断重复——夸大自己的悲惨处境，同时期待来自妈妈、上帝、布鲁斯、丈夫、彼得的帮助、抚慰、鼓励。她扮演殉难者的角色，且不说别的，她一定也在无意识中祈求帮助。

这样，克莱尔就快要认识到关于她依赖性问题的另一个重要线索了。但是过了一天，她开始反对自己的发现，理由有两个。一个是，毕竟在糟糕的时候期待朋友的友谊再正常不过了，没什么不寻常。要不然友谊的价值何在！如果你是快乐而满足的，人人都会对你好；但是如果有了伤心事，就只能去找朋友。另一个不支持她的发现的理由，是怀疑它是否适用于那天晚上的悲惨感觉。的确，她是夸大了不愉快的感觉，但并没有人可以打动她呀，又不可能打电话给彼得。她不可能荒谬到认为只要觉得自己是世界上最悲惨的人，帮助就会从天而降。但的确有些时候，当她觉得不好，就会有好的事情发生。有人可能会打电话给她或者邀请她出去；她可能会收到一封信，也可能是工作受到表扬，电台中的音乐会让她高兴起来。

她并没有立刻就注意到自己支持的两个论据其实是对立的：希望直接通过悲惨的感觉就能获得帮助是荒谬的；以及这样做是合乎情理的。但是几天后重读当时的便条时，她发现了其中的矛盾，于是她得出了唯一明智的结论：那就是，她一定在试图说服自己不去做某些事。

她首先尝试着根据这样的理由来解释自相矛盾的推理过程：对于发现自己身上有期待神奇帮助这种无理性的东西感到一种笼统的厌恶。但这样的解释不能让她满意。顺便提一下，这是一个重要的线索。如果我们发现一个一向都合乎情理的人有一些不合情理的地方，那么我们可以肯定，一定有些重要的东西被掩藏起来了。针对不合理特征发起的战斗，实际上通常是一场揭露其背景的战斗。这一点在这里也适用。但即使没有这样的推理，克莱尔不久之后也认识到，真正的绊脚石不是不合理性本身，而是她不愿面对自己的发现。她认识到，她的这个信念——通过悲惨能够命令别人帮助自己——实际上牢牢地控制着她。

在接下来的几个月，慢慢地，她一点一点越来越清楚、越来越详细地明白了这一信念都对她做了些什么。她发现她无意识地倾向于把生活中出现的每一个困难都变成大灾难，崩溃成全然无助的状态。结果是，尽管她表面会装出勇敢和独立的样子，但是面对生活，最主要的感受是一种处于劣势、面对压倒性优势的无能为力。她认识到，对即将到来的帮助怀有坚定信念实际上已经成了一种个人宗教信仰，而且这曾经是能让她觉得安心的强大源泉，这一点不同于真正的宗教信仰。

克莱尔还获得了一个更深的洞察：在多大程度上她用依赖别人取代了依赖自己。如果一直都有人来教导她、激励她、给她建议、帮助她、保护她、肯定她的价值，那么就没有理由说，她应该尽一切努力去克服那种自己掌控自己生活所带来的焦虑。而这种依赖的关系曾经如此彻底地实现了它的功能：允许她在应对生活时不靠自己，以至于让她丧失了所有真正的动机，而无法抛弃她强迫性谦逊中蕴含的小女孩样的态度。实际上，依赖性不仅仅让她一直软弱；通过平息她想要变得更自立的动机，依赖性竟然还制造出了一种保持无助的爱好。如果她保持谦逊、不出风头，所有的快乐、所有的胜利都会属于她。任何想要更自立、更自信的愿望，一定会损坏对这个人间乐土寄予的希望。顺带地，这个发现也让她充分理解到，当第一次准备主张自己的意见和愿望时，她为什么那么恐慌。强迫性谦逊不仅仅给她的不愿出人头地披上了一件庇护斗篷，还是她对"爱"保持期待的一个不可或缺的依据。

她认识到，这只是一个逻辑上的必然结果：她赋予了伙伴上帝般的角色，一个有魔力的助人者——这个切题的说法来自埃里希·弗洛姆——那么这个助人者就变成最重要的人，而且被他需要、得到他的爱就变成唯一重要的事了。彼得凭借他特殊的气质——显然他是拯救者型的——成为特别适合扮演这个角色的人。他对她的重要性，超越了作为一个在危难中可以随时求助的朋友的重要性。他的重要性在于他就像一台机器，克莱尔要求他提供服务的方式，是把自己对这些服务的需要变得足够大。

作为这些洞察的结果，克莱尔感到前所未有的自由。对彼得的渴望，之前偶尔还会非常强烈、难以忍受，现在开始慢慢褪去。更重要的是，这种洞察真正改变了她的人生目标。她意识中一直希望独立，但在实际生活中却只是把这种愿望挂在嘴上而已，一遇到困难就想求助别人。现在，要变得能够自己处理自己的生活成了一个主动而鲜活的目标。

这一节的分析中，唯一要提出批评的是，分析过程忽略了特定时刻浮现出来的特定议题：克莱尔缺乏独处的能力。因为我想抓住所有机会来展现如何追踪一个问题，所以我会提到两种稍微不同的方法，通过这两种方法有可能可以接近这个目标。

克莱尔本来可以从这里开始思考：她在这最后一年，念"悲惨经"的时间已经大大减少了；减少的程度已经到了她自己能够积极应对内部及外部困难了。这个思考可能会让她去问，为什么正是在这个时刻，她要求助于这个老旧的手法（念"悲惨经"）。就算她独处时不高兴，孤单怎么就带来了如此难以忍受的悲伤，以至于立刻就要寻求帮助？而且，如果孤单如此让人悲伤，她为什么不能积极地为自己做些什么以求改变呢？

克莱尔本来也可以从观察自己的实际行动开始。当独自一人时，她会觉得很糟糕，但她很少下工夫去和朋友厮混或者交新朋友，反而是退缩到一个壳子里等待魔法般的帮助。尽管在别的方面，克莱尔有敏锐的自我观察能力，但在这一点上，她完全看不见她的实际行为有多么奇怪。这样显而易见的盲点，通常表明压抑了某种有着巨大能量的因素。

但是，就像我在前一章中说过的，如果我们放过了一个问题，那么问题一定不会放过我们。这个问题在几周后缠上了克莱尔，然后她找到了一个解决方法，某种程度上她选择的路线和我之前建议的两个都不一样——这说明了实际上在心理问题上，也是"条条大路通罗马"。由于她这一部分的分析工作没有任何文字记录，我将仅仅指出逐渐引导出新洞察的步骤。

首先，克莱尔认识到，她只能通过他人反射的光来看见自己。她感觉到，别人评价她的方式完全决定了她评价自己的方式。克莱尔回忆不起来她是怎么得到那个洞察的，只记得突然被那个洞察狠狠地撞到了，简直要晕过去。

一首儿歌非常好地说明了这个洞察有什么样的含义，我禁不住要在这里引用一下：

> 有一位老奶奶，
>
> 我曾听说过，
>
> 她去市集上，
>
> 想卖掉鸡蛋。
>
> 她去市集上，
>
> 正是赶集日，
>
> 不小心睡着了，
>
> 就在大路上。
>
> 来了个小货郎，
>
> 名叫斯托特，
>
> 撕破了她的裙，
>
> 扔得到处是。
>
> 他撕破了她的裙，
>
> 露出了光膝盖，
>
> 冻得老奶奶，
>
> 浑身直哆嗦，
>
> 直到冻醒了，
>
> 她还直打颤，

全身在发抖。

我这是怎么了？

老奶奶吓哭了，

"老天保佑我，

这个人不是我，

如果真是我，

正如我所愿，

家中的小花狗，

一定会认出来，

如果真是我，

它会摇尾巴，

如果不是我，

它会哭又叫。"

老奶奶回家去，

天都全黑了，

小狗跑过来，

冲她叫不停。

小狗叫不停，

老奶奶开始哭，

"老天保佑我，

这真的不是我。"

　　第二步是在两周后，更直接地指向她对独处的厌恶。对这个问题的态度在她开始分析"私人宗教信仰"后发生了改变。独处时她还是觉得和以前一样痛苦，但现在她不再屈服于无助的悲伤，而是采取积极措施避免孤独。她寻求其他人的陪伴，并乐在其中。但是大约一周后，她完全深陷于想有一个亲密爱人的念头中。她觉得自己很想去问遇见的每一个人，发型师、裁缝、秘书、已婚的朋友们，问他们有没有合适的男士可以介绍给自己。她非常强烈地嫉妒所有已婚的以及有亲密爱人的人。这些想法呈现出这样的内容：她终于惊讶地明白了，所有这一切不仅仅是可悲的，还绝对是强迫性的。

　　只有到了现在，她才终于能够看清楚，她的无法独处的感受在与彼得交往的过程中大大增强了，分手后到了顶点。她也认识到，其实她是可以忍受孤独的，如果独处是出于她自己的选择。如果不是出于自愿，那就会变得非常痛苦；那样的时刻，她会觉得丢脸：别人都不需要她，她被人拒绝、排挤。因此她发现，问题其实不是普通的无法独处，而是对被拒绝高度敏感。

　　把这个发现和她之前的认识——她的自我评价完全取决于

别人对她的评价——联系在一起，她明白了：对她来说，仅仅是缺乏关注就已经意味着自己被丢去"喂狗"了。对于被人拒绝如此敏感，却与她是否喜欢那个拒绝她的人无关，而仅仅只是与她的自尊有关，这让她想起了大学时的一段往事：大学里有一群势利眼女生，她们结成了一个紧密的帮派，她被排斥在外。她对这些女孩子毫无尊重之心，也一点都不喜欢她们，但还是会有一些时刻，她愿意尽己所能成为她们中的一员。关于这一点，克莱尔也想到了妈妈和哥哥结成的紧密联盟，她也被这个联盟排斥在外。浮现出来的这些往事让她感受到，在他们眼里，自己只是一个令人讨厌的家伙。

她意识到，现在发现的反应实际上早就有了，在她不再继续反抗别人对她的歧视时就开始了。在那之前，她有一种直觉，确信自己和其他人一样好，于是自然而然的反应就是反抗别人把自己当低等生物对待。但是最终，她因为反抗而被明显地孤立，这种孤立终于大过了她所能承受的限度，就像第二阶段显示的那样。为了能让别人接受自己，她选择了屈服，接受自己低人一等的隐性判定，于是开始羡慕别人是优等生物。在几无胜算的压力下，她终于第一次拿自己的人格尊严开刀。

于是她明白了，彼得与她分手不仅仅是逼她独立（那时她还相当依赖别人），还把彻底的无价值感留给了她。这两种因素的结合，是分手对她造成这么大冲击的原因；是无价值感让独处变得难以忍受，这种感觉首先会要求魔法般的补救措施，然后会制造出强迫性的愿望，想要一个亲密爱人作为修复手段。这个洞察带来即刻的改变：想要一个男性朋友的愿望失去了强迫性特征，她能够独自待着而不觉得难受；有时甚至还能享受独处时光。

她还认识到，在与彼得的这段充满遗憾的关系中，她的被拒反应都是怎么起作用的。现在回想起来，她发现彼得早在第一次性事的激动褪去后不久，就开始以一种微妙的方式拒绝她。通过一些退缩技巧以及在她面前表现出来的易怒，彼得在越来越强烈地暗示，他真的不想要她。的确，这种退却被伪装起来了，因为他同时还保证爱她，但其实仅凭她闭上双眼不看他想要离开的证据，就足够让这种退却被视而不见了。不但没有认识到应该认识的，她反而在不断努力想要留住他，这种努力实际上是因为背后有一种绝望的需求：想要重建她的自尊。现在，她很清楚了：比起任何别的东西，正是这些逃离羞辱的努力对她尊严的损害最大。

这些努力特别有害，因为它们不但使得她不加判断地屈服于彼得的愿望，还无意识地放大了她对彼得的感受。她认识到，自己对彼得的真实感受被削弱得越厉害，她就越是会营造一种虚假的情感,那么就还是会让自己更深地陷入束缚中去。洞察到她的"爱"中包含的这些需求,克莱尔易于夸大自己感受的趋势减弱了,但是直到现在她的感受才直线下降到实际水平;尘埃落定,她发现自己对于彼得其实没有什么感觉。这种认识带给她一种平静安宁的感受,她已经好久都没有过这种感受了。克莱尔不再摇摆于对彼得的渴望和想要报复的念头之间,取而代之的是一种平静地看待他的立场。她仍然欣赏他身上好的品质,但她知道,永远也没有可能再与他紧密地连接在一起了。

随着这最后一个发现报告完毕,克莱尔从一个新的角度解决了依赖问题。针对这个问题的工作可以总结成一个循序渐进的认识过程。她逐渐地认识到自己之所以如此依赖别人,是因为对伙伴的巨大期望。她一步一步地认识到这些期望的本质,直到最后以分析她的"私人宗教信仰"告终。此外她现在还明白了,缺少发自内心的自信是怎样更加直接地导致了依赖。就这个问题而言,最关键的发现是她对自己的印象完全取决于别人的评价。洞察到这一点时她震惊得快要昏过去,这个程度和这一洞察的重要性还挺匹配;情感上对这一倾向的认识构成了一种深刻的体验,在短时间内几乎让她窒息,使她全然不知所措。洞察本身并不能解决问题,但它形成了一个基础,基于这

个基础克莱尔认识到自己感觉上的夸大以及别人的"拒绝"对
自己有什么样的深远意义。

　　这一节的分析也为后来理解她被压抑的野心铺平了道路。
这让她能够看到，被别人接受是提升她破碎自尊的一种途径，
而超过别人的野心从另外一条途径服务于这个目的。

　　完成了这里报告的这些自我分析工作之后，过了几个月，
克莱尔又回到了专业分析治疗中，部分原因是她想好好地和我
谈一些事情，部分原因是她在创作方面还残留有一些抑制的问
题。在第三章已经提到过，这段时期我们的工作主要是修通她
想要超越别人的需要，或者更广泛地说，是她被压抑的攻击和
仇恨倾向。我对她有信心，觉得她自己应该可以完成这一部分
的工作，尽管要花的时间可能会长一点。分析被压抑的攻击倾
向反过来也有助于理解依赖。另外，分析带给她更多的自信，
消除了她可能会再次陷落在另一段病态依赖关系中的所有危
险，否则这些危险还会继续存在。想要与一个伙伴融为一体的
需要施加在她身上的控制力，已经被她独自完成的分析工作从
根本上粉碎了。

第九章　系统性自我分析的宗旨和规则

　　既然我们已经从各个角度讨论了分析性工作，也通过一个内容丰富的例子明白了自我分析的一般流程，那么基本上没有必要——也的确太啰嗦了——系统地讨论自我分析的技术了。因此下面的内容就只是重点强调一些注意事项，其中有许多也已经在其他段落中提到过，在自我分析的过程中，这些地方要特别引起注意。

　　就像我们前面已经看到的，自由联想这个过程，坦诚地、毫无保留地表达自己，是所有分析工作——自我分析以及职业分析——开始的起点，但绝不是轻而易举就能做到的。可能有人会认为在自我分析的时候，这个坦诚表达的过程相对容易，因为没有人会误解你、评判你、打扰你或者打击报复你；另外，对于一些自己觉得丢脸的事情，说给自己听就不觉得那么羞愧——某种程度上是这样的，但是另外一面，如果有外人在，那么这个他者的倾听也的确会刺激并鼓舞当事人。不过毫无疑问，无论是自己独自分析还是和分析师一起工作，自由表达的最大障碍总是来自一个人自己内部。任何人都会急切地想要忽略某些因素、维护自己的形象，因此不管一个人还是两个人，都只能希望越来越接近，但不可能真正达到理想的自由联想状态。考虑到这些困难，独自进行分析工作的人应该时常提醒自己：如果漏掉或者去除脑海中浮现的任何想法或者感受，那么他都是在破坏自己真正的利益。同样，他还应该牢记，所有的责任全在他自己：不是别人，而正是他自己，要去猜想缺失的环节、要去探究还未弥合的缺口。

这种自觉性在表达感受的时候尤为重要。这里有两条原则一定要记住：一是要尽量表达自己的真实感受，而不是根据传统或者自己的标准应该有的感受。至少应该意识到，在真实的感受和人为选取的感受之间，可能存在非常大、非常重要的分歧，应该时不时地问自己——不是在联想的过程中问，而是联想结束后——对这件事真正的感受是什么；另一条是应该尽可能留给自己的感受一个自由的空间。这一点也是说起来容易做起来难。为一个看起来微不足道的小冒犯而深深感到被刺伤，这可能会显得很可笑。不信任或者仇恨一个亲近的人，可能会

让人困惑并且心里难过。一个人可能乐于承受一次又一次地被
激惹，但却发现要让自己感觉到真实存在的愤怒竟是如此令人
恐慌。还是要记住，就算是考虑这些外在的后果，也没有哪个
情境比分析情境可以更安全地表达自己的真实感受了。在分析
中，只有内在的成果值得重视，这就是识别出某种感受的全部
强度。这一点很重要，因为在心理问题上也是一样，我们首先
要抓住敌人，然后才能绞死他。

　　当然，如果感受被压抑了，那么再怎么用力也找不出来。
我们所能做的就是，不要去审查那些就在嘴边的感受，直接把
它们表达出来。在分析之初，即便是怀着最美好的愿望，克莱
尔也不可能比当时更多地感受到或者表达出对彼得的恨。但
是，随着她的分析工作不断进展，她逐渐变得越来越有能力辨
识出自身感觉的强度。从某个角度来说，她所经历的整个发展
过程都可以被描述为越来越自由地感受到自己的真实感受。

　　关于自由联想的技术，再多说一句：在联想的时候必须要
放弃推理。推理在分析中自有其作用，也有大量的机会要用到
推理——在联想过后。但是，正如已经强调过的，自由联想的
本质正是其自发性。因此正在进行自由联想的人，别去试着通
过思考找到一个解决办法。例如，假定你觉得非常地疲惫不
堪、软弱无力，甚至想爬上床，宣布说自己生病了。你盯着二

楼的一扇窗户发呆，觉察到自己正悲伤地想着，就算是从窗户跳下去，最多也不过摔断胳膊。你觉得非常震惊，你还不知道自己竟这样绝望，甚至绝望到想要去死。然后你听到楼上收音机的声音，你带着一点愠怒，想要一枪轰掉楼上打开收音机的家伙。你正确地推断出，在你生病的感觉后面一定隐藏着愤怒和绝望。到现在为止，你都还做得不错，你已经觉得不那么软弱无力了，因为如果你对什么事情感到怒火万丈，那么你可能就会去寻找背后的原因。但是现在，你开始在意识中狂乱地搜寻是什么东西激怒了你。你仔细检查在感到如此疲惫之前都发生了什么事。也有可能你会偶然发现激怒你的东西，但更有可能你在意识中的搜寻一无所获——真正的原因半小时后自动浮现，这时你已经对刚才的努力很失望，已经放弃了意识中的搜寻。

　　一个人，甚至就在他让自己的大脑自由奔跑的时候，如果试图通过事实推理而得到自由联想的意义，那么他所做的，也就是像这样努力要找到一个解决方法一样徒劳无功。不管是什么东西促使他这么做，是没有耐心还是想要显得聪明，或者害怕被不可控的想法和感受淹没，这些打扰因素必定会妨碍自由联想所需要的放松状态。其实真相是，你会在不经意间突然明白自由联想的含义。克莱尔的一系列联想以一首宗教歌曲告终，这就是一个很好的例子：这里的自由联想表明，她已经越来越清晰明白联想的含义，尽管她并没有在意识层面做很多努力去理解这些联想。换句话说，这两个过程——自我表达和理解——有时候会同时发生。但是就有意识的努力而言，自我表达和理解两者还是应当严格区分开来。

如果就这样在自由联想和理解之间建立起明确的界限，那么什么时候停止联想开始理解呢？幸好这里没有什么定规。只要联想还在自由流动，就没有必要人为地阻止它们。它们迟早会因为一些更强大的东西而停下来。这种情形可能是当你到达了某个点，感到好奇，想知道所有这一切意味着什么。或者是突然在情感上心弦被拨动，你预感到快要弄清楚那件一直困扰着你的事情了。或者仅仅只是没什么想法了，这可能是阻抗的征兆，但也可能提示：关于这个主题，暂时就这么多内容。也可能你时间有限，还想留一些时间试着自己解释记下的便条。

说到理解自由联想，其可能呈现的主题范围之广、主题组合种类之多，简直不计其数，不可能有什么固定的规则用于理解单个情境下的单个元素。某些基本的原则已经在前面，"精神分析过程中分析师分担的工作"那一章讨论过了。但是当然了，更多的做法还是要留给个人，取决于每个人的独创性、灵活性和专注程度。因此，我在这里仅把前面讲的再加强一下，重点说一说解释时要遵循的宗旨。

当一个人停止自由联想，开始检查记录下的便条，准备理解自由联想的内容时，他的工作方法必须改变。他不再是消极被动地接受浮现在脑海中的所有内容，而是要变得积极主动。现在，他的推理能力派上了用场。但我想还是不要表达得那么积极肯定：不如说，现在他不用把推理排除在外了。即使现在，也不能完全只使用推理。很难用一个准确的词汇来描述，当他试着抓住一系列自由联想的含义时应该采取什么样的态度。这个过程绝对不能简化成仅仅是智力推理。如果想那样做，他还不如去下象棋，或者预测国际政局走向，或者玩填字游戏。想要得出非常圆满的解释，希望不遗漏任何可能的涵义，这样的努力可能会满足他的虚荣心，证明他脑子比别人好使，但对于让他更理解自己几乎没有帮助。这样的努力还可能招致某种风险，可能会妨碍分析继续取得进展，因为它可能会引发一种"我都知道了"的自鸣得意的感受，而实际上他只是罗列了一些名目，而没有被任何东西触动。

另一个极端，仅仅是情感上的洞察，就要有价值得多。如果不进一步阐述，那么这也不是最理想的，因为这会让一些重大的线索在还没有完全清晰的时候就退出了视野。但是就像我们从克莱尔的分析中看到的，这种洞察会开启某些东西。在分析的早期，联想到她在异国他乡的那个梦，她体会到一种强烈的迷失；这种体验后来还被提到，尽管不能证明这种情绪体验对后来的分析有什么样的影响，但可能正是它那令人不安的本质打破了她的严格禁忌，让她可以触碰那些把她死死地绑在彼得身上的复杂纽带。另一个例子发生在克莱尔与依赖性的最后一场战役中，那时她感到自己很不情愿把生活掌握在自己手里；她对这个情感上的洞察有什么样的含义没有任何理智上的理解，但洞察仍然帮助她从有气无力的无助状态解脱出来了。

不要想着去创造什么严谨而科学的传世名作，自我分析的人应当让自己的兴趣带领着自己进行解释。他最好只追寻那些吸引了他的注意力、引起他好奇心、拨动他心弦的东西。如果他能够保持足够的灵活变通，让自己被自发的兴趣指引，那么就基本上能够确信，他凭直觉就会选取在那个时刻最有可能理解的主题，或者是一些与他正在工作的问题相一致的内容。

我猜想这个建议可能会引起某些疑惑。我的这个提议难道不是太过宽松了吗？让兴趣引导的话，选取的主题难道不会太过熟悉了吗？这样做难道不会意味着向阻抗屈服？关于如何处理阻抗的问题，我会另起一章来谈。在这里就只提一点点。的确，让兴趣引导意味着选择一条阻抗最小的路。但阻抗最小和没有阻抗不是一回事。这个原则从本质上讲，是指选取的主题在那个时刻是被压抑得最少的。这也正是分析师在进行解释时应用的原则。前面强调过，分析师会选择解释那些他相信在那个时刻病人能够完全理解的因素，对那些被压抑很深的问题，他会节制，先不作处理。

克莱尔的整个自我分析过程说明了这样做是有效的。带着明显的漫不经心，她从不费心去处理任何引不起她反应的问题，即使问题就在眼皮底下。克莱尔并不知道要遵循兴趣引导的原则，但她凭直觉就在分析中使用了这个原则，而且这个原则也很好用。举个例子可以说得更清晰。有一个系列的自由联想，其结尾是克莱尔第一次想起了关于伟大男性的白日梦，在那些联想中，克莱尔仅发现了被保护的需要在她的关系中扮演了某种角色。关于她对男人还存有其他期待的提示，她完全丢在一旁，尽管这些提示是白日梦很明显、很突出的一部分内容。这一凭直觉的选择，终于让克莱尔走上了本应该早就找到的最正确的路。她绝不会仅仅只选择熟悉的范围。发现被保护的需要是她的"爱"的一个主要部分，这是一个之前一直没有被发现的因素。另外也不要忘了，这个发现构成了对她珍视的"爱"的幻觉的第一次挑战，这一步本身就痛苦而深刻。同时深入处理她对男人的寄生式依赖态度这一更加严重的问题可能会太难了，若非那么蜻蜓点水地处理，她可能会吃不消。这就带来最后一个要点：同时理解多个重要的洞察是不可能的。想要这样做只会对每一个都不利。任何有意义的洞察，如果想要被完全理解并生根发芽，一定需要时间和全身心的投入。

理解一系列的自由联想不仅需要在工作方向上灵活可变，就像刚提到的，还需要在方法上同样富有弹性。选择要分析的问题时，既要靠自发兴趣的指引，也要结合理智的选择；同样，研究浮现出来的问题时，也要很容易就能从严密的思考过渡到凭借直觉抓住某些联系。后一种要求可类比于学画画所要求的态度：我们要考虑构图、配色、画笔粗细等，但也要考虑这幅画会引起我们什么样的情感反应。这也和分析师在面对病人的自由联想时所采取的态度一致。在倾听病人的过程中，有时候我会很努力地思考其中可能会有什么样的意义，有时候我仅仅通过让病人的谈话作用于我的直觉而得出某种联系。但是，检查任何一个发现，不管这个发现是怎么得来的，总是要求发挥我们全部的聪明机智。

当然也有人可能会觉得，在一系列自由联想中，没有什么能引起他特别的兴趣；他仅仅只看到一两个可能性，但也没看到什么启发性。或者走向另一极，他可能会发现，即使在探索一种联系，但某些另外的元素也让他觉得很有价值。在这两种情形下，他最好找一张空白页，记下这些悬而未决的问题。可能过一阵子，回头再仔细检查这些记录，这些单纯理论上的可能性也许会意味着更多的东西，或者被搁置的问题因为有了更多的细节，现在可以重新着手处理了。

还有最后一个陷阱要注意：永远不要接受你实际上并不相信的东西。在定期进行的专业分析中，这种风险更大，特别是有些病人易于听从权威性的断言。但是当一个人依靠自己的资源进行分析时，这种倾向性也可能起作用。例如，他可能觉得必须要接受联想中浮现出来的关于自己的所有"坏"的部分，如果踌躇犹豫，就怀疑有"阻抗"存在。但是如果他能够做到只把自己的解释看作实验性的，不努力说服自己去相信的确是那样，那就安全多了。分析的本质是真实坦诚，这也应该包括接受或者不接受解释。

不可避免地，分析过程中人们有时会做出误导性的或者至少是无价值的解释，但不应该被这种情况吓到。如果能够做到不气馁，继续坚持正确的宗旨，更有价值的道路迟早会出现，或者，你意识到自己走进了死胡同，那么从这样的经历中或许也可以学到些什么。比如，克莱尔在着手分析依赖性之前，曾花了好几个月挖掘所谓的"由着自己的喜好"这一需要。从后来出现的资料来看，我们可以理解她是怎样被带到了那条路上的。然而她告诉我，在那些时候，她从没有一种确定感，较之于后来报告中提及的那些阶段所经历的感觉，哪怕稍微类似的都没有。另外，她之所以选择之前的探索路线，最根本的原因在于彼得经常责备她控制欲过强。这说明了上面的两个结论：跟随自己的兴趣很重要；不要接受任何没有完全确信的东西很重要。但是尽管克莱尔这一早期的探索是在浪费时间，但也并没有什么害处，且后来逐渐停止了，也没有妨碍她后来极具建设性的分析。

克莱尔的工作极富建设性，不仅在于她的解释本质上很正确，还在于实际上她这一阶段的分析显示出高度的连续性。她并没有刻意地想要集中在一个问题上——很长一段时间她甚至都不知道问题是什么——但她着手处理的所有内容后来都变成依赖问题的根源。这种对于单个问题坚定不移的无意识专注让她每一次都从一个新的视角处理同一个问题，这一点很宝贵，但很少有人能达到同样高度。我们可以解释克莱尔为什么能做到，因为在那个阶段，她的生活面临非常强大的压力——有多强大她也是后来才充分意识到的——因此她无意识地把所有的精力都投向解决问题、减轻压力方面。这种迫不得已的情形是没办法人为制造的。但是，对一个问题越能投入兴趣，就越有可能接近这样的专注程度。

克莱尔的自我分析很好地说明了第三章讨论过的 3 个步骤：

认识某一种神经症倾向；理解其意义；发现它与其他神经症倾向之间的联系。在克莱尔的分析中——通常每个人的分析中——也都会是这样，这3个步骤有部分重叠：在她最终发现神经症倾向本身之前，就已经发现了倾向所包含的很多意义。她也没有在分析中刻意而非常明确地划分每一个步骤：她并没有刻意地开始寻找神经症倾向，也没有刻意地检查她的依赖性和强迫性谦逊之间有什么样的联系。她自然而然就识别出了神经症倾向；同样，随着分析工作的推进，这两种倾向之间的联系自然而然地变得越来越清晰可见。换句话说，并不是克莱尔选择要解决什么问题——至少不是有意识地选择——而是问题来到她面前，并随着问题的展开，呈现出一种天然的连续性。

在克莱尔的分析中还有另一种连续性，甚至可以说是更重要的一种，也是更有可能模仿的一种：从没有孤立的或者不连贯的洞察。我们看到的分析进展不只是洞察的累积，而是一种有结构的模式。即便是分析中获得每一个洞察都是正确的，如果这些洞察是零散而孤立的，那么也无法取得分析工作的最大收获。

因此当克莱尔认识到，她之所以让自己沉湎于痛苦中，是因为她隐秘地相信借此可以获得别人的帮助，之后她本可以只追溯到这种特质的童年起源，并认为那是一种固执的婴儿信念。这可能会有所帮助，因为没有人愿意无缘无故地让自己感觉悲惨，那么下一次当她发现自己又被"悲惨经"俘虏的时候，可能会让自己打住。但这样处理洞察，随着时间的推移，顶多也就是可能会减少夸大了的不良情绪的侵扰，而且这种侵扰并不是这一特质最重要的表达方式。或者，她可能也会走得更远些，把她的发现和自我肯定的缺乏联系在一起，并发现她自己对魔法般帮助的信念取代了积极主动去处理生活中困难的态度。这尽管还是不充分，但能带来的帮助增加了很多，因为它激发出新的动机，去改变隐藏在信念背后的整个无助的态度。但是如果她没有把魔法帮助信念和依赖性联系在一起，没有看到一个是另一个的组成部分，那么她就不可能完全克服掉这一信念，因为她会在无意识里始终坚持：只要她能够找到永恒的"爱"，帮助就总是会出现。正是因为她看到了联系，因为她认识到这种期待的荒谬以及所付出的惨痛代价，洞察才有了根本性的解放效果。

因此，发现某种人格特质是怎样嵌入自己的人格结构中，如何盘根错节、影响深远，这绝不仅仅是纯粹理论兴趣的问题，同样也具有事关治疗的重大意义。这一要求可以用我们熟悉的动力学术语来表达：要改变某种人格特质，必须要先了解它的心理动力。但这个词就像一个使用了很长时间，有点破旧、有点薄的硬币。另外，它通常暗示从驱动力的思路去考虑，在这里可能会被解释为你只要去寻找这种驱动力，不管是从童年早期还是当下找起。在这个案例中，驱动力的概念会把分析引入歧途，因为一种人格特质对整个人格的影响与决定这种特质存在的因素一样重要。

认识到这种结构上的相互关联至关重要，且绝不仅限于心理上。比如，我已经强调过的注意事项里，还包括要同等重视机体疾病的问题。好的内科医生绝不会认为心律不齐是一个孤立的现象。他会考虑其他器官——比如肾脏和肺——是怎样影响心脏的。而且，他还必须知道心脏的状况反过来是怎么影响身体的其他系统的：比如，它是怎样影响血液循环系统的，或者怎样影响肝脏的功能；这些相互之间会产生什么影响的知识会帮助他理解心率失调有多严重。

因此，在分析工作中做到不迷失于各个零散的细节中很重要，那么怎样才能保持令人满意的连续性？理论上，这个问题的答案隐含在上一段内容中。如果一个人观察得很到位，或者获得了对自身的洞察，那么他就应当检查一下：这个被发现的特质是如何在各个不同地方都显现出来的，它引起了什么样的后果，以及他的人格中有哪些因素导致了这一特质的存在。但这样说可能看起来还是相当抽象，那我下面将试着用一个结构

化的例子来说明。但是必须要记住，任何简洁的例子必定给人
一种简单整洁的印象，但在实际中并没有如此干净利落。同样
在这个例子中，为了显示都有什么样的因素要被辨识出来，就
不涉及一个人在自我分析时的情绪体验了，因此也就只能形成
一个片面且过于理性的印象。

把这些记在心上，现在让我们来设想一下：有一个人观察
到在某些情形下，他想要参与到大家的讨论中，但是由于害怕
会被人批评，所以说起话来舌头打结不利索。如果他允许这种
观察在他的内心停留并生根发芽，他就会对自己的害怕好奇，
因为这种害怕的程度与实际的危险大大不符。他会思考，为什
么自己的害怕如此强烈，以至于不仅妨碍了他表达自己的观
点，甚至还让他无法清晰地思考。他会想，这种害怕是否压倒
了他的雄心壮志，是否太大以至于无法考虑任何权宜之计——
这种权宜之计是说，为了前途起见给别人留下一个好印象比较
可取。

这样，他就对自己的问题产生了兴趣，他会努力寻找在他
生活的其他领域是否也存在同样的困难；如果有，是以什么样
的形式存在。他会检查自己与女性的关系：他有没有因为害怕
女性发现他的缺点，因而过于胆小不敢接近她们？他的性生活
怎么样？有没有过因为没办法走出失败的阴影而阳痿过一段时

间？他有没有不情愿参加聚会或购物呢？他有没有因为担心推销员会觉得自己抠门儿而买了很贵的威士忌？他有没有给服务员很多小费，因为担心服务员会看不起他？此外，他到底对于批评有多么难以承受？什么样的内容就足以让他觉得尴尬或者受伤？只是当妻子在公开场合批评他的领带不好看时觉得很受伤，还是哪怕她赞扬吉姆的领结总是和袜子搭配得很好，他就已经很受伤？

这些思考会让他对自己问题的强度和范围以及繁复多样的表现形式有一个印象。接着，他会想要弄明白这个问题是怎样影响他的生活的。他已经知道，这个问题让他在生活的很多方面都很抑制。他不能坚持自己的主张；他过于顺应别人对他的期待，因此他从来都没真正地做过自己，而是机械地扮演某个角色。这让他对其他人充满憎恶，因为他们似乎总是要控制他，但这同样也降低了他自己的自尊。

最后，他开始寻找造成这个问题的各种因素。什么原因让他如此害怕被批评？他可能会想起来，父母对他要求非常严格；还可能回忆起一些往事，他们曾经责骂他或者让他感觉到自己不够好。然而他同样也要想一想他真实个性中的弱点，总体上这些弱点让他依赖别人，从而也使得他非常看重别人对他的看法。如果他能够找到所有这些问题的答案，那么他对自己如此害怕批评的认识就不再是个孤立的洞察了，他会看到这个特质和他整个人格结构有关。

很可能有人要问，我是不是要通过这个例子说明，一个人发现了一个新的因素，还要沿着这个新因素所提示的各种可能仔细地搜寻过往的经历和感受。当然不是，因为这样的过程会导致同样的危险：仅仅只是达到智力上的掌握，这在前文已经讨论过。但是他的确应该给自己一段时间好好静下来想一想。他要面对自己的发现沉思，就像考古学家发现了一尊埋藏很久、严重损坏的雕塑；他要从各个角度去看他的珍宝，直到它最初的样子自动浮现在脑海中。任何新发现的因素都像一盏探照灯投向他生命中的某些区域，照亮一些迄今为止一直隐藏在黑暗中的东西。只要他对认识自己保持鲜活的兴趣，就几乎必定能够有所发现。在这些地方，专业人士的引导会特别有帮助。在这些时刻，分析师会积极地帮助病人去看清楚这个发现的重大意义，提出这样或那样的问题，这些问题会提醒病人注意之前的发现，并把新的发现与之联系起来。如果没有这样的外部帮助，最好的办法就是不要急于分析，记住一个新的洞察意味着征服一片新的疆域，试着先从巩固已有的收获开始，慢慢再从征服中获益。在"偶尔为之的自我分析"那一章中，对于每一个例子我都在问，从已有的洞察中可以提出什么样的问题。我们可以相当肯定地说，当事人之所以没有触及这些问题，只是因为他们的兴趣仅止于解除眼前的困难。

如果有人问克莱尔，她在自我分析中是怎样取得了如此完美的连续性的，她的回答可能就像有人问大厨要秘方时的回答：大厨通常都会归结为他跟着自己的感觉走。但是这样的回答对于做蛋卷可以，对于做分析就不那么令人满意了。没有人能够借克莱尔的感觉一用，但每个人都有自己的感觉可以跟随。说到这里，让我们再回到前面在讨论如何解释联想时说到的一点：知道要去寻找什么会很有帮助，但这种寻找一定要是在自己的直觉或者兴趣的带领下。每个人都应该接受这样的事实：人是被需要和兴趣驱动的生物；要抛掉这样的幻想：人的大脑像一架润滑很好的机器一样在完美运转。在这个过程中——许多其他的过程也一样——彻底地探查出含义比面面俱到更重要。漏掉的含义会在后面再次出现，可能在他准备好去看的时候就会出现。

工作的连续性也有可能被一些无法控制的外部因素打扰到。对于连续性被打断必须要有所预计，因为人不是生活在真空的实验环境中。日常生活中的很多体验都会侵犯到一个人的思考内容，有一些还可能引起情绪反应，需要立即澄清。比如，假设克莱尔在处理她的依赖性问题时不巧丢了工作，或者她换了岗位，她需要更多的主动性、自信心及领导能力。不论是哪种情况，都不再是依赖性问题而是其他问题凸显在舞台上。在这种情况下，她所能做的就是把这个突发的打扰因素纳入自己前进的步伐中，尽最大可能去处理出现的问题。不过，也有可能刚刚好有一些经验就在手边，可以帮到当事人。正因为如此，彼得提出分手，某种程度上也激励了克莱尔更深入地分析自己的问题。

基本上没有必要过于担心外部干扰。在和病人的工作中，我发现即使是一些决定性的外部事件也只能改变分析进程一阵子。很快，而且常常是不知不觉地，病人又回到了他一直分析的问题上，有时候就是在断开的地方又重新续上之前的分析。对于这样的现象，我们不要诉诸任何神秘解读，比如去猜想分析的问题比外部事件对病人的吸引力要大。其实更像是，由于大部分体验都会引发许多反应，那个最接近问题且最易获得的反应就会对他触动最深，因此会引导他重回之前放弃的道路。

事实上，以上观点更强调主观因素，而非呈现清晰的方向，这可能会再次引发对分析的批评：分析是一种艺术，并没有科学严谨的程式。讨论这一争议会让我们离题太远，因为会涉及从哲学角度澄清某些术语。而在这里，重要的是要从实用角度考虑。如果分析被称为是"艺术活动"，那对很多人来说就意味着从事分析需要有特别的天赋。自然，我们每个人天生的禀赋不同。正像有些人特别精通机械方面的问题，或者对政治形势看得特别通透，另一些人在心理学思考方面特别有天分。但是，重要的不是某种高深莫测的艺术天赋，而是非常明确的因素——一个人的兴趣或者动机。这是一个主观因素，但难道不也是我们做大多数事情的决定因素吗？重要的是精神而不是规则。

第十章　处理阻抗

　　分析过程启动或者突出了一个人内部两组意愿完全对立的因素之间的角力。一组意愿是要让由神经症结构带来的幻想和安全感保持不变，而另一组是要通过瓦解神经症结构而获得一定程度的内在自由和力量。正是出于这个原因，就像前面已经重点强调的，分析主要不是孤立的理智上的探究。理智是中间人，决定此刻哪一组利益最重要。反对自由以及努力想要维持原状的力量，会受到每一个足以危及神经症结构的洞察的挑战；当这种挑战发生的时候，那些力量就会通过这样或者那样的方式阻碍分析进程。如此一来，他们就作为分析工作的"阻抗"登场了，弗洛伊德最初使用这个术语表示所有从心灵内部妨碍分析工作继续进行的东西。

　　阻抗绝非只由分析情境产生。除非我们的生活异于常人，否则对神经症结构来说，生活本身即构成巨大的挑战，一点也不亚于分析师带来的挑战。一个对生活怀有隐秘要求的人，必定会因其绝对化和僵硬的特征而时常受挫。其他人不会赞同他对自己的幻想，会质疑或者无视，因而会伤害他。他煞费苦心但又岌岌可危的安全措施不可避免会受到损害。这些挑战也可能会产生具有建设性的影响，但也可能他的反应——就像在分析中一样——首先是焦虑和生气，不是这个就是那个占主导，然后神经症倾向反过来又被强化了。他变得更加退缩、更加控制、更加依赖，根据具体情况而定。

某种程度上，病人与分析师之间的关系，跟病人与其他人之间的关系，制造出来的感觉和反应大致相同。但是，因为分析是明确地针对神经症结构发起的攻击，所以呈现出来的挑战要更大。

在大部分的精神分析文献中都有一条或明显或隐晦的信条，那就是人对于自己的阻抗是无能为力的，也就是说没有外界的帮助，我们克服不了阻抗。这一信念常常被用作针对自我分析最强烈的反对意见。这种反对意见不但会严重影响分析师，还会严重影响每一位接受分析的病人，因为病人和分析师都知道在接近危险领域时要经过多么曲折而艰辛的努力。但是，根据经验得出的绝不是最后的定论，因为经验本身取决于处在支配地位的概念和习惯以及我们的心智。更具体来说，分析经验受制于这样一个事实：没有给病人提供机会去独自处理自己的阻抗。

更深一步地考虑可以发现，支撑分析师这一信念的理论前提不多不少，正好就是弗洛伊德的整个人性哲学。这个主题太复杂，没办法在这里展开，我只言尽于此：如果人是被本能驱动，如果其中破坏性的本能占主导地位——这是弗洛伊德的论点——那么努力朝向发展与成长方向的建设性力量在人性中就几乎没有多少空间了。但正是这些建设性的力量在与制造阻抗的力量相抗衡。否认这些建设性力量必然导致这种失败主义的态度，即仅凭个人自己的力量是无法战胜阻抗的。我的确不赞同弗洛伊德人性哲学中的这一部分，但我也的确不否认阻抗是一个需要严肃对待的问题。自我分析的成果如何，像每一个分析一样，很大程度上取决于阻抗力量的强弱以及自我处理阻抗花费的力气。

一个人在处理阻抗时在多大程度上的确感到无助，不仅取决于阻抗明显看得见的力量，也取决于其看不见的力量——换句话说，他在多大程度上辨识出了阻抗。的确，他有时可能在正面战场上发现并遭遇阻抗：例如，病人可能明明知道自己很抗拒前来分析，甚而他都认识到自己正在奋力挣扎，不想放弃神经症倾向，就像克莱尔在最后一场战役中对抗她的依赖性那样，既对抗又维护。但更常见的是，阻抗经过伪装后悄悄地接近病人，而病人并没有识别出来。在这种情形下，他并不知道阻抗在起作用；他只是变得徒劳无获，或者觉得无精打采、疲倦、灰心丧气。那么，当面对这样一个不但看不见而且就他的意识而言甚至不存在的敌人，他当然会感到无助。

他之所以没有辨识出阻抗，其中一个最重要的原因是，防御过程事实上不只是在他直接面对要解决的问题时才启动，也就是说不只是当他对生活的隐秘愿望被揭露、他的幻想被质疑、他的安全操作遭到破坏的时候，而是当他远远地接近这些领域的时候，防御过程就启动了。想要让它们保持原样的愿望越强烈，对于这种接近就越敏感，哪怕是从很远的地方接近。就像一个害怕打雷的人，不仅仅电闪雷鸣让他感到害怕，甚至遥远天际线上出现一团乌云都会令他担忧。这种远程反应很难被注意到，因为当一个表面上看起来没有什么危险的主题，一个看起来并不会引起多强烈感受的主题出现的时候，它们就随之产生了。

要辨识阻抗，就要对阻抗的起源和表现形式有明确的了解。因此，对于散落在本书各个章节中的关于这一主题的内容——常常没有明确提到"阻抗"这一术语——有必要在这里作一总结概括，再增加一些对于自我分析特别有意义的要点。

　　阻抗起源于一个人想要维持原状的所有意愿的总和。这些意愿不等于——绝对不等于——想要一直病着并不愿康复。每一个人都想要去除障碍摆脱痛苦，出于这样的愿望，他完全愿意改变，而且希望快点改变。他想要维持不变的不是"神经症"，而是神经症的某些方面：已经被证明是对他有巨大主观价值的，在他的心目中，这些方面让他对未来的安全和满足怀有希望。简单来说，一个人一点不想改变的基本要素，是那些与他对生活、对"爱"、对权力、对依赖等所抱有的隐秘愿望，以及与自己的幻想有关的东西；这些是他的安全地带，他很容易就进去了。这些因素的确切本质取决于他神经症倾向的本质。神经症倾向的特征和动力前面已经描述过了，在这里就没有必要展开了。

　　在专业分析中，大多数情况下引发阻抗的是在分析过程中已发生的事情。如果被分析者已经发展出强大的次级防御，如果分析师质疑这些防御的有效性，也就是说一旦他对病人人格中任一因素的坚强、优秀或者无法改变提出质疑，病人的首次阻抗就会出现。因此，如果一个病人的次级防御建立在他相信与自己相关的一切——包括缺点在内——都是极好的并且是独一无二的，那么一旦有任何动机受到质疑，他就一定会发展出无助的感觉。还有的病人一旦面对或者被分析师指出他自身存在任何不合理的迹象，就会产生一种混合着恼怒和沮丧的反应。这与次级防御的作用是一致的——保护已经发展出来的整个系统——这些防御性反应的引发，不仅仅源于某种特定的被压抑的因素正处于即将被发现的危险中，还因为有东西被质疑，不管质疑的内容是什么。

但是，如果次级防御没有坚固到如此生死攸关的程度，或者次级防御已经被揭露出来并且病人可以面对，那么阻抗在很大程度上就是因某种特定的被压抑因素受到攻击而引起的反应。一旦接近任何一个对某个病人来说属于禁忌的领域，不管是远是近，他的情感反应都是恐惧和生气，就会自动触发防御行为来防止进一步的入侵。这种对病人禁忌的冒犯不一定是攻击，而可能仅仅是分析师很普通的行为引发的结果。分析师说了或者没说什么、做了或者没做什么，都有可能伤害到病人脆弱的地方，从而制造意识或者无意识的憎恨，而这些憎恨又会暂时阻碍病人和分析师的协同工作。

然而对分析工作的阻抗也可能由分析情境之外的因素引发。如果在分析期间外部环境发生了变化，变得有利于神经症倾向的平稳运作，或者甚至使得它们发挥了积极的作用，那么引发阻抗的可能就大大增加了，原因当然是保持现状、反对改变的力量被加强了。但是日常生活进展得不如意，同样也会引发阻抗。比如，一位病人感受到圈子中某个人的不公平对待，可能会变得极其愤怒，因而拒绝在分析中做出任何努力去探索他之所以感到如此受伤或屈辱的真实原因，而把所有的精力都集中在报复对方的想法上。换句话说，如果被压抑的因素被触及，不管是明确的还是隐约的，都可能会产生阻抗，而其产生的原因既可能是外部生活的发展变化，也可能在分析情境中。

自我分析中阻抗的触发大体上也是这样。但是，这里不再是分析师的解释引发阻抗，而是个人自己深入一个痛苦的领悟或者含义中，引发了阻抗。此外，由分析师的行为引发的阻抗在这里也是不存在的。这在某种程度上是自我分析的优势；当然也不应该忘记，如果这种分析师的行为激发的反应被正确地分析了，那么这些激发行为可能是最具建设性的工作。最后，在自我分析中，日常生活体验似乎更有力量制造阻抗。这也是很好理解的：在专业分析中，病人的情感大部分都集中在分析师身上，因为他当时认定分析师很重要；但是当独自进行分析的时候，就不会有这种情况了。

在专业分析中，阻抗的表现形式可以粗略按这3种标题分组：第1种：公开与激惹的问题作斗争；第2种，防御性的情感反应；第3种，防御性抑制或者逃避策略。尽管在形式上各有不同，本质上这些不同的表达方式只是代表了不同的开放程度，有的直接一些，有的隐晦一些。

用一个例子来说明：假设有这样一个病人，强迫性地努力想要达到绝对的"独立"，分析师开始处理他人际关系中的困难。病人感到，分析师在迂回地向他的高傲发起攻击，而之后就会攻击他的独立性。在这一点上，他是对的，因为只要终极目标是改善他的人际关系，帮他朝着更具亲和力、能够与他人产生休戚相关的感觉的方向前进，那么对他人际关系的困难所做的所有工作都是有意义的。分析师可能都不是有意识地把这些目标记在心中。他可能认为，他只是想理解病人为什么如此羞怯，理解他的挑衅行为、他与女性在一起的窘迫。但病人感觉到了逐渐靠近的危险，那么他的阻抗可能伪装成公开拒绝继续处理之前提到的困难，坦率地宣称总之他不想为别人瞎操心。或者他的反应可能是不再信任分析师，怀疑分析师想要把自己的标准强加在他身上：比如，他可能会认为分析师要把他不喜欢的合群性强加给他。或者他只是对分析工作变得厌倦：约定的时间他迟到、脑海里什么东西也浮现不出来、岔开主题、没有梦或是报告非常复杂以至于意义难辨的梦让分析师束手无策。

第1种类型的阻抗，即公开反抗型，含义很清楚，大家也很熟悉，不必多说。第 3 种类型，防御性抑制或者逃避策略，考虑到它和自我分析的相关性，下面马上就讨论。但是第 2 种类型，防御性情感反应，在专业分析中特别重要，因为这种反应是聚焦在分析师身上的。

在针对分析师的情感反应中，阻抗有好几种表达方式。在刚刚提到的例子中，病人的反应是怀疑分析师正在误导他。也有病人的反应可能是一种强烈但模糊的担心，担心自己被分析伤害到。或者可能只是一种弥散性的不高兴，或者觉得分析师太愚蠢，理解不了自己也帮不了自己，因而贬低分析师。或者，阻抗可能伪装成弥散性焦虑，病人试图努力获得分析师的爱或者友谊来减轻这种焦虑。

有时候，这些反应的强烈程度如此令人吃惊，部分原因在于这样的事实：病人感到自己已经建立的结构的某些本质受到了威胁，但是这些反应本身的策略性价值也是原因的一部分。这样一些反应有助于把重点从本质性的工作——寻找因果关系——转移到更安全的事情上——与分析师在一起时的情绪状态。病人不再继续探索自己的问题，而是集中精力说服分析师、战胜分析师，证明分析师错了，阻挠分析师的努力，借以惩罚他入侵到自己的禁忌领域。并且，随着重点的转移，病人要么因为自己的困难责怪分析师，说服自己，让自己相信与这样一个既不公允又几乎无法理解自己的人一起工作是不可能取得任何进步的；要么把所有的责任都推给分析师，而他自己则变得迟钝和无反应。无需多言，这些情感上的战斗有可能在秘密进行，要做很多的分析工作才能把它们带到病人的意识中来。当这些战斗以这样的一种方式被压抑时，就只有其导致的障碍能被感受到。

　　在自我分析中，阻抗的表达方式也是这 3 种，但不尽相同是在所难免的。克莱尔的自我分析中产生的阻抗只有一次是公开而直接的，但是存在大量的、花样繁复的抑制以及很多逃避策略。偶尔，克莱尔会在意识中感觉到自己对分析性发现的情感反应——比如发现自己对男性的寄生式的态度让她非常震惊——但这样的反应不会阻止她更深入地工作。而且我相信，这是一幅相当典型的画面，说明了自我分析中阻抗是如何起作用的。不管怎样，这幅画面都应该在我们合理的预期范围内。对于发现，必定会出现情感反应：一个人可能会对在自己身上发现的东西感到不安、羞愧、内疚或者恼怒。但是这些反应不像在专业分析中占比那么高。一个原因是，这里没有分析师可以让他防御性地与之战斗，或者可以为他负责：他丢出去的东西又返回到他自己身上。另一个原因是，通常他对待自己要比分析师更小心翼翼：他会早早就嗅到危险的气息，几乎是下意

识地自动就退缩，不再直接接近，而是一个接一个地寻求另外
的办法，企图暂时绕开问题。

因此，下面我们来看阻抗的这种表现形式：防御性抑制和
逃避策略。这种形式的阻抗因人而异、千变万化，而且在分析
道路上的每一处都可能发展出来。讨论它们在自我分析中的临
床表现，最方便的办法就是指出在哪些关键点上它们会阻碍分
析的进展。简言之，它们可能会阻止一个人开始分析问题；它
们可能会削弱自由联想的价值；它们可能会妨碍一个人去理解
或让一个人的发现无价值。

抑制一个人，让他无法开始分析问题，这一点可能很难被
察觉，因为一般来说，一个独自进行分析工作的人是不会定期
分析自己的。有些时间段他会感到不需要进行分析工作。对于
这些时段，他应该不要太在意，尽管阻抗可能也在这一时期起
作用。但是对于下面的一些时间段，他就要特别小心了：那就
是当他觉得痛苦、不满、疲倦、恼怒、左右为难、忧虑，但被
抑制着无法尝试去搞清楚状况的时候。他可能会在意识层面感
觉到不情愿去分析自己，尽管他完全明白分析至少可以给他一
次机会摆脱痛苦并且从中有所收获。或者他可能会找很多借口
不去尝试——太忙了、太累了、时间太短了。这种形式的阻抗
在自我分析中比在专业分析中常见得多，因为在专业分析中病

人也可能偶尔忘掉或者取消一次分析，但出于安排、礼貌以及
经济方面的压力，他不会经常这么干。

在自由联想过程中，防御性抑制和逃避策略非常隐蔽迂
回。它们可能只是让一个人的工作徒劳无获；或者可能是引导
他的大脑去"思考、弄明白"，而不是让思绪自由流淌；也可
能是让他的思绪旁枝斜逸，偏离正确的轨道；又或者，他会有
点犯困，忘了去追踪正在浮现的联想内容。

阻抗可能会以制造盲点让他看不见某些因素的方式妨碍他
的理解。他要么注意不到这些因素，要么抓不住其含义或者重
要性，即便是他完全有能力做到。克莱尔的分析中有几个这样
的例子：浮现出来的想法和感受可能会被轻视。就像分析的开
头部分，克莱尔轻视她在和彼得的关系中感受到的不满和苦
恼。另外，阻抗还可能导致探索的方向错误。在这种情况下，
在解释中完全异想天开——即从自由联想中解读出一些并不存
在的内容，危险性还要小一些；而不考虑背景，随意挑选出一
些存在的因素进行错误的整合，其危险性要大得多。关于洋娃
娃艾米丽的记忆，克莱尔的解释就是一个例子。

最后，当一个人的确有了一个真正的发现时，抑制或者逃
避形式的阻抗可能会在许多方面破坏这一发现的积极价值。阻
抗可能会让这一发现的重要意义失去价值。或者，他不去很有

耐心地对它进行分析，反而过早地决定：只要在意识中努力克服这一具体的困难就足够了。或者，他可能不再跟随这个发现继续探索，因为他"忘了"、"不想"或者"抽不出时间"。而且，当他必须要选择一个明确的立场时，他可能在意识层面真心实意地采取这样或那样的折中方案，从而在"已经获得了什么样的成果"这个问题上欺骗自己。然后，他就会相信——克莱尔就这么做了好几次——他已经解决了问题，尽管实际上远远没有。

那么现在，阻抗要怎么处理？首先，如果自己都没有觉察到阻抗，那是没办法处理的，因而第一重要的是要识别出有阻抗在起作用。大多数的阻抗都可能被忽略，尤其是人们通常都没有那么敏锐，一下子就发现阻抗。但是有一些形式，不管一个人多警觉、多么想要捕捉到，它们还是必定会逃脱人们的注意，其中首要的就是那些盲点和被压缩的感受。它们能造成多么严重的障碍，取决于它们有多普遍、多顽固，也取决于它们背后的力量有多大。通常来说，它们仅仅表达了这样一个事实：一个人还没有准备好面对某些因素。还以克莱尔为例：在分析一开始，她还不能够看到她对彼得的怨恨有多深，或者她在这段关系中遭受的痛苦程度有多大。即便是分析师也几乎没有办法帮她看清这一点，更不要说理解了。在处理这些因素之前，她还有很多的工作要做。令人鼓舞的是，这一点意味着，随着分析工作的进展，盲点通常会适时被清理掉。

前文所述也同样适用于探索方向出错。以这种形式出现的阻抗同样也很难觉察，会空耗时日。然而，如果有一阵子都没有什么进展，或者尽管一直在对某个问题进行分析，但分析只是原地打转，那么就要怀疑是不是有这种形式的阻抗存在。在自我分析中——其实在任何分析中都一样——有一点很重要：不要被已取得的进展迷惑。这样的错觉可能会提振士气一阵子，但很容易会让人不再继续去发现隐藏更深的阻抗。自我分析中有可能把一些错误的发现整合在一起，这也是为什么自我分析者有时要去找分析师帮他看看的一个原因。

其他类型的阻抗就比较容易注意到，它们的强度大得吓人。如果还是上面描述的情况，那么一个人一定能够注意到阻抗什么时候开始起作用。在自由联想的过程中，他能够意识到他是在努力思考，而不是自发地让思绪流淌；他能够注意到他的思想开小差了，然后要么重新回到原来的思绪，要么至少重新回到开小差的那个点上。改天重温当时记下的便条，他会明白自己的推理很荒谬，就像克莱尔在对她的魔法帮助期待做联系时所做的。如果他注意到存在一种很明显的规律：他的发现全都是在高度恭维自己，或者全都是在极力贬低自己，那么他

就有理由怀疑有什么东西阻碍了进展。甚至他都可以怀疑，沮
丧反应在这里也是阻抗的一种形式，尽管若是他深陷在这种情
绪中提出怀疑就很难；这时他应当把沮丧本身看作对分析的反
应，而不只看到沮丧的表面意义。

当他意识到存在阻抗时，他应当放下手头所有正在进行的
分析性追寻，而把阻抗升级为最急迫的问题来处理。强迫自己
去对抗阻抗是没有用的，借用弗洛伊德的比喻：这就像一遍一
遍去按开关，试图打开亮不了的灯泡；正确的做法是，去看看
哪里电路出了问题，是灯泡、灯座、电线还是开关。

处理阻抗的技术是尝试对它进行联想。但是对于分析过程
中发生的所有阻抗，在联想之前要先重新检查一下，在阻抗出
现之前记录的那些便条会很有帮助。因为与阻抗有关的线索很
有可能就藏在之前刚刚谈及的至少一个主题中，那么粗略地看
一下当时记录的便条，处理阻抗的出发点可能就会浮出水面。
有时候，一个人可能还没有能力立即追击某个阻抗：他可能还
很不情愿或者觉得太难受。那么，此时最明智的做法是不要强
迫自己，而只是做一个标记，记下在这个他突然感到不舒服或
者厌倦的点上；然后等到第二天他可以从一个新的角度去看待
这件事，此时再继续。

提倡"对阻抗进行联想"，我的意思是说，要细想这个阻

抗具体的临床表现，然后让自己的思绪沿着这条线自由流淌。因此，如果他注意到不管涉及什么问题，他的解释总是让他大获成功、卓尔不群，那么他就应当尝试把这个发现作为后面进一步联想的出发点。如果对于某一个发现他感到沮丧，那么他就应当记得这个发现可能已经触及了他还没有能力或者不愿意改变的地方，就应当把这种可能性放在心上，然后开始联想。如果他的困难在于难以开始分析，尽管他觉得自己需要自我审视，那么他就要提醒自己，可能是之前的某个分析片段或者某个外部事件制造了阻抗。

　　由外部因素制造出的阻抗在自我分析中相当普遍，原因前面已经提到。一个深受神经症倾向困扰的人——或者其实几乎所有人——常常会感到被特定的某个人或者被日常生活事件冒犯、受到不公平对待，从而只看到他的受伤反应或者怨恨的表面含义。在这种情形下，区分真正的冒犯和想象中的冒犯要花费很大力度。而且就算冒犯是真实发生的，也没有必要这样反应：如果不是他对于别人对他的做法过于敏感脆弱，那么对于这么多的冒犯他的反应也可以是同情或者不喜欢冒犯者，或许也会公开战斗，但都不会是受伤或者怨恨。仅仅感到自己有权利生气要容易得多，难的其实是检查自己哪个脆弱点被击中了。但是为了他自己的福祉，这才是他应该走的路，即便是他人可能的确很残酷、不公平或者不顾及自己的感受。

让我们来假设一下：有一位妻子在得知丈夫和另外一个女人有短暂的外遇后非常痛苦，甚至数月都不能完全走出来，尽管她知道外遇已经是过去式，而且丈夫也在尽最大努力重建他们之间的关系。她让自己和丈夫都苦不堪言，现在甚至演变成对丈夫毫无节制的痛苦折磨。当然，有很多原因可以解释她为什么有这样的感受以及为什么这么做，更不用说他们之间的信任的确遭到了真实的损害。还有可能这件事也伤害了她的自尊心：丈夫怎么能去喜爱除她之外的人。也可能她难以忍受的是丈夫偷偷地溜出去，不在她的掌控中。这件事也可能触发被遗弃的恐惧，如果她是一个像克莱尔一样的人。她也可能因为别的她自己都不知道的原因对自己的婚姻不满意，而利用这一显而易见的事件作为由头来表达所有被压抑的怨恨，这样她就发起了一场无意识中的报复运动。她可能之前也感觉到自己对其他男人的喜爱，因而憎恨丈夫享受了这种自由，而她没法允许自己也享受这种自由。如果她仔细检查这种种可能性，她就不仅大大改善了目前的状况，而且也获得了对自己更清晰的认识。但是如果她只是一意孤行地坚持自己有生气的权利，那么什么收获也不会有。如果她压抑了自己的愤怒，本质上其实是一样的情形，而且在那种情况下去探查她对自我反省的阻抗会困难得多。

　　关于处理阻抗的宗旨，有一点必须要说明。我们很容易就对自己有阻抗这件事感到生气，好像这意味着自己有一种让人恼火的愚蠢或顽固。有这样的态度可以理解，因为在我们追求自己最大福祉的路上遇到自设的阻抗的确令人烦恼甚至厌恶。然而因为阻抗而责怪自己，既不公平甚至也没有任何意义。一个人不应该因为阻抗背后力量的发展而责备自己，另外阻抗企图保护的神经症倾向在其他方法都失效的情况下，曾经帮助他应对生活，把那些反对力量看作要考虑的因素是更明智的选择。我基本上更倾向于说，他应当把阻抗当作自己的一部分而给予尊重——尊重它们不是说赞成或者纵容它们，而是明白它们是发展过程的有机组成部分。这样的态度不只是对他自己更公平，还给了他更好的基础去处理阻抗。如果他怀着敌意，决定要把阻抗消灭干净，那么他就很难有必要的耐心和意愿去了解它们。

　　如果按照这样的方法以及宗旨处理阻抗，那么他就创造了一个良好的机会去了解并克服它们——如果他的建设性愿望强于阻抗的力量的话。那些更强大的困难最好还是在专业人士的帮助下去克服。

第十一章　自我分析的局限

　　阻抗和局限之间仅仅是程度的差别。任何一个阻抗如果强大到一定程度，就会变成真实存在的局限。任何一个因素如果它降低或者麻痹了一个人认真对待自己的动力，那么就可能构成自我分析的限制。这些因素其实是不可分割的整体，但我实在找不到其他更好的办法，只好在这里分开讨论。那么在下文中，同一个因素有时会从几个不同的视角来处理。

　　首先，那种根深蒂固的自我放弃的感觉构成了自我分析的一个严重限制。一个人可能对于是否能够从心灵的一团乱麻中逃离出来感到非常无望，以至于没有丝毫的动力去做更多的努力，而只是浅尝辄止地在困难中试探一下就不了了之。某种程度上，每一个严重的神经症患者都有无望感。这种无望感是否构成治疗的严重障碍取决于有多少建设性的力量仍存活，或者能够复活。这些建设性的力量通常还是有的，即使看起来好像已经完全丧失了。但有时候也有人在非常小的年纪就被完全打垮了，或者深陷于一些无法解决的冲突中，因而很久以前就放弃了希望和挣扎。

对于这种放弃的态度，一个人可能会从整体上有所觉察，它表现为一种普遍存在的、觉得自己的生活毫无意义的感觉，或者多多少少带有一种生命基本上是无意义的精巧的哲学色彩；而且常常会因为自己属于一小部分看清了"真相"的人而自豪，从而强化了这种态度。对于某些人，这种精细的思考过程并不发生在意识中，他们只是相当消极被动地采用一种禁欲式的高度自制的方式忍耐生活，对于如何才能更加有意义地存在于世上这样的愿景不再有任何反应。

这种自我放弃可能隐藏在对生活的厌倦感觉后面，就像易卜生的戏剧《海达·嘉布尔》中描写的嘉布尔。她对生活的期待非常少，生活中应该时不时有一些令人愉快的事情，应该提供一些有趣、让人兴奋刺激的活动，但她不期待生活有任何积极的意义。这种态度常常伴随着——就像《海达·嘉布尔》中描述的——一种深刻的愤世嫉俗，这是因为她不相信生活有什么意义、有什么值得追寻的目标。但是深深的绝望感也可能存在于下面这样的一些人身上：他们不怀疑生活的意义，表面上给人一种能够享受生活的样子。他们不难相处，喜欢美食、喜欢喝一杯、喜欢性。在青春期他们可能还是对生活充满憧憬的，有自己真正的爱好和感受。但由于这样或那样的原因，他们后来变得浮华，失去了抱负，对工作的兴趣变少，开始敷衍了事、人际关系散漫，很容易建立关系也很容易结束。简言之，他们不再追求人生的意义，转而变得在生活的外围打转。

如果我们不太准确地说某种神经症倾向过于"顺溜"了，那么对这种倾向的自我分析就会有一种非常不一样的局限性。比如对权力的追求，可能让一个人感觉很好，以至于他会觉得任何进行分析的提议都很可笑，即便他对生活的良好感觉实际上是建立在流沙之上的。如果对依赖的渴望是在婚姻中满足的——比如，一段婚姻是由这种渴望依赖的人和另一个极力想要控制权的人组成——或者是通过隶属于某个组织实现的，那么这种情形下的自我分析局限性也同样如此。另外，一个人可能非常成功地退缩进象牙塔里，并且感觉到待在里面相当舒服。

某种神经症的这种表面上非常顺溜的样子，是内外部条件相结合的结果。说到内部条件，一种"顺溜"的神经症倾向一定不会与一个人的其他需求发生太激烈的冲突。实际上，一个人也绝不会仅仅被一种强迫性的挣扎完全占据而彻底不顾别的东西：没有人会沦为单线程机器，只被驱动着朝一个方向运行。但接近这种状态还是有可能的。外部条件一定是某种允许发展出这种倾向的东西。相比较而言，内部还是外部条件更重要，这没有一定之规。在我们的社会中，一个人经济独立就很可能会退缩进他自己的象牙塔中；但是一个资源贫乏的人也可能从外部世界中退缩，如果他想把自己的其他需求限制在最小范围。一个人出生就含着金汤匙让他可以炫耀自己的名望或权力，但另一个人白手起家通过孜孜不倦地利用外部环境最后也达到了同样的目标。

但是不管某个神经症倾向有多"顺溜"，一旦经过分析，或多或少都会发现它其实完全是发展道路上的障碍。首先，这种很"顺溜"的倾向已经变得太珍贵，当事人无法对它提出任何质疑。其次，分析中追求的目标——和谐的发展，与自己和他人和谐相处——对这样的人没有什么吸引力，因为驱动他们对此有兴趣的力量太弱了。

广泛存在的破坏性倾向不管是主要针对他人还是针对自己，都构成了分析工作的第3种限制。要强调的是，这样的倾向不一定只是字面上的破坏性，比如有强烈的自杀意愿。更多的时候，它们采取的形式是敌视、贬低或者消极的基本态度。每一种严重的神经症都会产生这种破坏性冲动。它们或多或少构成了每一种神经症发展的根本原因，并且在僵硬的、自我中心式的需求与对外部世界的错觉之间的冲突中被强化。任何严重的神经症都像一个紧身盔甲，让穿着的人无法与他人全面而积极地生活在一起。这必定带来对生活的憎恨，对于被人冷落产生深深的憎恨，即尼采称为的"嫉恨"。出于各种各样的原因，一个人的敌意和蔑视对自己还是对他人都一样，可能会非常强烈，以至于让自己崩溃掉好像是一种非常具有诱惑力的报复方法。对生活提供的一切都说"不"成为自我肯定的唯一指望。前文谈到导致自我放逐的因素时提到过的易卜生《海达·嘉布尔》中的嘉布尔，她就是一个很好的例子：在她身上，针对他人及自己的破坏性是一种普遍的倾向。

这种破坏性怎样抑制自我的发展永远取决于其强烈程度。比如，若一个人觉得战胜他人比起对自己的生活做一些有建设性的事情要重要得多，那么他就不太可能从分析中获益太多。如果在他的心中，喜悦、幸福、喜爱或者任何与他人的亲密都变了味，代表着可耻的软弱或者平庸，那么可能不管是他自己还是别人，都没办法穿透他坚硬的盔甲。

第4种限制要更广泛、更难定义，因为它涉及"自我"这一难以界定的概念。这里，我的意思可能最好是用威廉·詹姆斯的"真实自我"概念来表达，以区别于物质的和社会的"自我"。简单来说，它涉及我真正感受到什么、真正想要什么、真正相信什么、真正的决定是什么。它也是，或者说应该是精神生活最有活力的中心。正是这个心灵中心，是分析工作中所要仰赖的，在每一例神经症中，这个中心的范围和活力都减弱了，因为真正的自尊、与生俱来的尊严、主动性、为自己生活负责的能力以及诸如此类有助于自身发展的因素一直以来都被不断损耗着。另外，神经症倾向本身大量篡夺了它的能量，因为——继续用前面用过的类比——它们把一个人变成了被远程控制飞行的飞机。

在大多数情况下，人们都有充分的可能性重新夺回能量来发展自我，尽管这种可能性有多大在一开始很难估算。但如果一个人的真实自我被破坏得太严重了，那么他就会丧失自己的重心而被其他力量左右，这些力量可能来自外部也可能来自内部。他可能让自己过于顺应周围环境而变成一个机器人。他可能会认为自己唯一值得存在的理由是对他人有用，从而对社会有用，尽管内在缺乏重心必定会阻碍他的效率。他可能完全丧失了内在的方向感，就像上文中提到的"过于顺溜"的神经症倾向。他的感受、想法以及行为可能几乎全部受制于他为自己建立起来的膨胀形象：他可能会同情别人，但并不是发自内心的感受，而是因为同情是他自我形象的一部分；他也可能会交几个"朋友",或有几项"爱好",但只是因为朋友或者爱好乃是他形象所需。

最后一个要在这里谈到的限制来自发展得非常强大的次级防御。如果整个神经症被僵化的信念——一切都是对的、好的、不可改变的——死死护卫着,那么基本上很难有动机去改变什么。

每一个努力想要把自己从神经症的束缚中解放出来的人,都知道或者能感觉到这些因素中有一些是在他身上起作用的。对于那些不熟悉精神分析治疗的人,细数这些限制可能会让他打退堂鼓。但是一定要记住,所有这些因素都不具有绝对的抑制性。我们可以断然地声称:没有飞机,在当代就不可能赢得战争。但如果断然声称:无用的感觉或者对人怀有弥散性憎恨,就一定会阻止一个人分析自己——那就很荒谬了。他能否建设性地进行自我分析,很大程度上取决于"我能"还是"我不能"、"我想"还是"我不想"之间的较量,反过来也取决于那些危害自我分析的态度有多深。下面这两种人之间的区别还是蛮大的:一种人虽然也只是随波逐流,发现生活毫无意义,但他仍然模模糊糊地在寻找着什么;另一种人,就像海达·嘉布尔那样,已经拒绝了生活,带着苦涩完全地自我放弃。或者像是有这样两个人:一个极度愤世嫉俗,讨厌任何理想,觉得都是虚伪的；而另一个人表面上看起来同样愤世嫉俗，但打心眼里主动尊重并喜欢那些真正不辜负自己理想的人。又或者像是这样两个人：一个脾气急躁瞧不起别人，但对别人给予他的友谊有所回应；而另一个人，就像海达·嘉布尔那样，对朋友和敌人同样恶毒，甚至特别想要摧毁那些触碰到他内心仅存的柔软部分的人。

如果自我发展道路上某些障碍通过分析的确难以逾越，那么其背后就一定不是一种因素在起作用，而是多种因素的综合。比如，深深的无望感只有与一个不断增强的倾向——或者是自以为是的盔甲，或者是一种普遍的破坏性——相结合，才能构成绝对的障碍；完全与真实自我隔离也不能形成抑制，除非也有一个不断增强的趋势与之结合，比如根深蒂固、难以去除的依赖性。换句话说，真正的局限只存在于严重而复杂的神经症中，而且即便是这种情况下，也还是会有一些建设性的力量幸存下来，只是需要被发现并利用起来。

阻遏心灵的力量，就像上文讨论过的，如果没有强大到完全抑制一个人进行自我分析的努力，就可能会通过各种途径影响自我分析。首先，它们可能会让一个人实施分析时遵循的宗旨变成仅仅是部分诚实，从而微妙地破坏整个分析。在这些情况下，片面的重点或者盲点涉及相当广泛的区域，在每一个分析的一开始就出现了，并且在整个分析过程中一直顽固地存在，范围和强度上也不会逐渐减弱。这些区域之外的因素可能会被直接面对，但因为自我中没有孤立的区域，所以若不与整个人格结构联系在一起，就没法理解，即便是这些因素似乎在很浅表的可被洞察的层面。

卢梭的《忏悔录》尽管只是稍微有些类似于分析，却也可以作为一个例子来说明这种可能性。在《忏悔录》里，卢梭显然十分想要完全诚实地描述自己，而且的确也颇有几分诚实。但是通读全书，我们发现关于他的虚荣心和"爱无能"还留有盲点——这里还只是提到这两个非常突出的因素——那些盲点如此醒目，以至于让今天的我们都感到奇怪。他坦言自己对他人有所期待，也接受别人的馈赠，但他把这种依赖所导致的结果解释为"爱"。他承认自己的脆弱性，却把这和自己"情感丰富的内心"联系在一起。他承认自己心怀憎恨，但这些憎恨最后总会是被许可的。他看到自己的失败，但总有其他人要为此负责。

当然，卢梭的《忏悔录》不是自我分析。但是近些年我重读此书，常常会想起一些朋友及病人，他们分析自己的努力与此并无太多不同。这本书的确值得仔细研究，并批判性地学习。自我分析的努力虽然更复杂，但也很容易落入同样的命运中。一个具有较多心理学知识的人，可能也只是对于自己想要维护或者掩饰自己行为动机的企图更敏感而已。

但是，关于他独特的性癖好这一点，卢梭很坦率。这种坦率当然值得欣赏，但在性问题上的坦率让他更无法看到其实在其他问题上，他真正面对的时候很少。就这一点而言，我们从卢梭那里吸取的教训也值得一提。因为性是我们生活中的一个重要领域，像对待其他领域一样无情地直面这一领域非常重要。但是弗洛伊德片面地强调性因素的重要性，可能会诱导很多人把这一因素单独拿出来，并放在其他因素之上，就像卢梭那样。直接面对性的问题是必须的，但仅仅直面性的问题是不够的。

另一个被片面强调的固执倾向，是认为某个特定的当下困难是特定婴儿期体验的静态重复。毫无疑问，一个人想要理解他自己，最重要的就是理解那些在他发展过程中发挥作用的力量，且弗洛伊德的首要发现就是认识到早年体验对人格形成造成的影响。但只有所有早年体验的总和，才能对塑造当下的人格结构有贡献。因此揭示某个当下的失调和某个早年影响之间存在孤立的联系是没有用的。当下的特性只能理解为当下人格中各种力量相互作用的结果。例如，克莱尔和她妈妈之间发展出来的独特关系，必定与她对男性的依赖有关。但是如果克莱尔仅仅看到新旧模式之间的相似之处，那么她就不会发现迫使她一直保持这种模式的最本质的驱动力是什么。她可能会看到，她把自己放在从属于彼得的位置上，就像从属于她的妈妈；她崇拜彼得就像小时候崇拜妈妈；她希望彼得保护她，在她情绪低落的时候帮助她，就像小时候期待妈妈帮助她；她怨恨彼得的拒绝，就像她小时候怨恨妈妈对她的歧视。认识到这些联系，她可能只是认识到强迫性模式在起作用，从而与她自己真正的问题保持一段距离。但实际上她紧紧依附于彼得，并不是因为彼得代表了童年妈妈的形象，而是由于强迫性谦逊以及被压抑的自大和野心，她丧失了自尊，基本上也丧失了自我同一性；因此她害怕、抑制、不能捍卫自己、孤立，因而不得不寻求保护及自我修复；而她采用的方法注定会失败，只会让她更深地卷入恐惧和抑制的大网中。只有认识到这些动力，她才能最终从不幸童年的余波中解放出来。

还有一个被片面强调的是，喋喋不休地反复念叨"坏的"部分，或者被认为是"坏的"部分。如果这样做，忏悔和谴责就替代了理解。这样做的部分原因，是本着不留情面的自我谴责精神，但也带有一种秘密的信念：只要忏悔就够了，就能够获得回报。

当然，这些盲点和片面之处，你可能在每一个自我分析中都会找到，不管有没有上面谈到的局限性。某种程度上，这些是因为对精神分析持有错误的先入为主的理解。如果的确是这种情况，那么一个人在对精神分析的过程获得了更完满的理解后，这些盲点和片面之处就会被纠正。但是我在这里想要强调的是，它们也可能仅仅代表着一种绕开本质问题的途径。如果是这种情况，那么它们基本上就是出于对进步的阻抗，而且如果这种阻抗足够强大——达到了我所描述的足以构成限制的程度——它们可能就构成了分析通往成功道路上的绝对障碍。

前面提到的让一个人消极退缩的力量，也可能让他提前终止还不成熟的工作，从而阻挠自我分析。这里我说到的是这种情况：分析进行到某一个点上，有一定程度的帮助效果，但没有超越这个点继续前进，因为分析的人不愿努力克服内心中阻止他继续向前发展的因素。这可能发生在他已经克服了最主要的干扰因素，而不再感到有迫切的继续分析下去的愿望的时候，尽管还有很多零散的障碍没有处理。尤其是在生活变得顺畅，没有什么特殊的挑战需要面对时，以这种方式让人懈怠下来的诱惑会特别大。其实在这种情况下，我们每个人想要完全认识自己的迫切愿望都会有所减弱，这是很自然的事。基本上这是一个我们个人的人生哲学的问题，我们到底有多看重那种对自身抱有建设性不满的态度的价值，那种不满可以驱使我们更好地成长和发展。但我们还是应该清晰地知道，或者搞清楚我们自己到底持有哪些价值系统，然后采取相应的行动。如果只是在头脑中坚持成长的理想，而在实际中却放弃实现它的努力，或者让飘飘然的自我满足感扼杀了这种努力，那就构成了对我们自己根本性的不诚实。

但是也有人会因为完全相反的原因中断自我分析的努力：他已经从多个相关方面对他的困难形成了洞察，但是并没有什么改变，于是对于没有切实可见的成果感到灰心。实际上前面也提到过，灰心本身就构成问题，同样需要被处理。但如果来自严重神经症的纠缠——比如来自前面描述过的绝望退缩的态度——那么，他可能没办法自己独自处理。这并不意味着他到目前为止所做的努力都没有用。非常常见的是，尽管他能够达到的高度是有限的，但他已经成功消除了自己神经症问题的某个显而易见的症状。

固有的局限性可能还会从另外一个方面导致自我分析的提前终止：一个人可能会让他的生活与剩余的神经症倾向相适应，从而获得某种伪解决方案。生活本身可能有助于形成这样的伪解决方案。他可能被迫处于某种情境中，唯一的出路就是追求权力或者让自己的生活陷入卑微从属的地位，从而不需要为自己主张权力。他可能会抓住婚姻这个机会，去解决自己渴望依赖的问题。或者，他可能多多少少有意识地认为他人际关系中的困难——对此他已经有所认识和理解——太耗费精力了，那么获得平静生活或者拯救他创造力的唯一方法，就是退出人际关系、离群索居；然后他可能会把自己对他人或者对物质的需要降到最低，在这种条件下设法过一种可以忍受的生活。这些解决方案无疑不够理想，但比起之前，他可能在更好的水平上取得了心灵的平衡。对于某些非常严重复杂的情况，这种伪解决方案可能就是他能够获得的最好方案了。

一般而言，这一建设性工作面临的局限性在专业分析和自我分析中都同样存在。事实上，就像前文所言，如果这些阻挠力量强大到一定程度，分析的理念会被全盘否定。而且，就算是没有全盘否定——如果一个人深受障碍之苦因而进行分析性治疗——分析师也不是魔法师，他不能召唤回所有被阻遏的力量。但是毫无疑问，总体而言自我分析的局限性还是相当大的。在许多情况下，分析师会通过向病人展示具体的可被解决的问题，从而解放病人的建设性力量；但如果是病人独自工作，两眼一抹黑地陷入有形或无形的麻烦中不得脱身，他就不大可能有足够的勇气去努力解决自己的问题。另外在整个治疗期间，病人内心各个心理能量之间孰强孰弱可能会发生变化，因为所有这些能量不是一成不变的：每前进一步都会带领他更靠近真实自我、更靠近他人，少些绝望和孤立感，从而使得他更积极地关注生活，包括关注他自己的发展。所以，开始与自己的严重神经症问题做斗争的每个人，如果有必要的话，应该先与分析师进行一段常规性的分析工作，之后才在某些情况下进行自我分析。

尽管在任何时候谈到盘根错节和令人迷惑的复杂案例时，总体上专业分析都要比自我分析更有优势，但某些保留意见也要放在心上。把自我分析连同它的缺陷与理想的分析性治疗放在一起比较，并不是非常公平。我认识一些人，他们在专业治疗中几乎没有什么触动，但后来凭借自己的力量，成功地解决了相当严重的问题。我们对两种方法都要慎重对待，对于在没有专业人士帮助下一个人可以做些什么，不要高估也不要低估。

以上的讨论把我们带回到一开始的问题：需要何种特别的条件，一个人才能进行自我分析。如果他已经做过一段时间的专业性治疗，并且条件适合，我相信就像我在本书中一直强调的，他就能够独自继续进行分析，并且有希望获得意义深远的成果。克莱尔的例子——还有其他一些没有在本书中提到的例子——都清楚地说明，之前有过治疗经验的话，甚至处理一些严重而且复杂的问题也不是没有可能。我们似乎有理由期待：

分析师和病人都越来越明白有的可能性，愿意做更多这样的尝试；也可以期待：分析师们能逐渐总结出一些标准，帮助他们判断什么时候鼓励病人自己独自继续分析工作是恰当的。

在这里我还想强调一点，尽管与自我分析并没有直接的关系：即如果分析师不以权威态度对待病人，而是从一开始就清楚地表明分析是一项两人一起合作的"事业"，分析师和病人都要积极朝着同一目标努力，那么病人将会在相当大的程度上发展出自己的能力。他的瘫痪感——或多或少的无助、要求分析师必须独自肩负所有责任——会消失，他将学会主动而灵活地应对。再扩展开来说，精神分析治疗的发展经历，就是从最初的病人和分析师都相对被动的阶段，到分析师变得更主动，到最后病人和分析师都主动参与的阶段。最后阶段这种精神的普及，可以产生事半而功倍的效果。我在这里提到这件事的原因，不是要说明分析治疗的时间有缩短的可能，尽管这也很重要并且符合人们的愿望；但我想说的是，这种合作的态度是怎样有助于自我分析的可能性。

那些没有体验过分析的人可不可以进行自我分析，很难给出确定的答案。这很大程度上取决于神经症障碍的严重程度，当然不是绝对的。在我看来，严重的神经症无疑只能交由专家来处理：无论是谁，如果遭受严重的精神障碍，都应该先咨询专业人士之后，再决定是否开始自我分析。但考虑自我分析的可能性时，主要只想到严重的神经症是不对的。毫无疑问，更温和的神经症以及各种各样的神经症问题——主要由特定情境下的困难所引起——在数量上要远远多于严重神经症。那些被较温和的失调所困扰的人很少引起分析师的注意，但是他们的困难也不应轻视。对于那些因为失调而不能发展他们所有潜力的人来说，他们的问题不但让他们受苦、妨碍他们的生活，还会导致宝贵精力的浪费。

我认为对于这些问题，"偶尔为之的自我分析"那一章里谈到的经验很令人鼓舞。在那一章提到的几个例子中，当事人都几乎没有什么被分析治疗的经历。当然，他们的自我反省也的确没有走得很深远。但似乎有理由相信，随着他们更广泛地了解神经症问题的本质以及处理方法，他们在这个问题上的尝试一定会走得更远——但永远都是在神经症的严重性不构成抑制的情况下。比起严重的神经症患者，具有较温和神经症问题的患者，其人格结构要灵活得多，因此即便是不太深远的尝试也助益良多。严重的神经症通常都需要大量的分析性工作，之后才会有一些收效，病人能更自由一些。而较温和的失调症，即便是一个单个的发现，比如发现了一个无意识的冲突，也可能构成一个人转向更自由发展方向的转折点。

但就算是我们假定有很多人能够很有收获地分析自己，他们都会彻底完成这项工作吗？都不会遗留未解决甚至未碰触的问题吗？对于这些问题，我的回答是，没有彻底分析这回事。我的这个回答并不是本着放弃的原则。当然分析的清晰度越高，我们能获得的自由也越多、对我们越有好处。但是"已完成的事业"这个理念听起来不但狂妄，甚至在我看来，没有什么吸引力。生命就是奋斗不息、不断发展成长的过程——分析是在这个过程中有所助益的一种方法。获得了积极的成就当然很重要，但奋斗本身就有其天然的价值。就像歌德在《浮士德》中说的：

> 不屈不挠追求的人，
>
> 就不是不可救赎的。

Karen Horney

Self-Analysis

Simplified Chinese Copyright © 2021 Shanghai
Translation Publishing House
All rights reserved.

图书在版编目(CIP)数据

自我分析/(美)卡伦·霍尼(Karen Horney)著；
何巧丽译. —上海：上海译文出版社,2021.5（2025.3重印）
(Loft)
书名原文：Self-Analysis
ISBN 978-7-5327-8595-7

Ⅰ.①自… Ⅱ.①卡… ②何… Ⅲ.①精神分析—研
究 Ⅳ.①B84-065

中国版本图书馆 CIP 数据核字(2021)第 234794 号

自我分析

[美]卡伦·霍尼/著　何巧丽/译
责任编辑/范炜炜　装帧设计/观止堂_未氓

上海译文出版社有限公司出版、发行
网址：www.yiwen.com.cn
201101　上海市闵行区号景路 159 弄 B 座
江阴市机关印刷服务有限公司印刷

开本 787×1092　1/32　印张 9.25　插页 5　字数 141,000
2021 年 12 月第 1 版　2025 年 3 月第 3 次印刷
印数：6,501-8,000 册

ISBN 978-7-5327-8595-7
定价：49.00 元